青少年求知文库
*QingShaoNian*QiuZhiWenKu

天生我才必有用

王 磊 编

吉林人民出版社

图书在版编目（CIP）数据

天生我才必有用/王磊编.—长春：吉林人民出版社，2010.7（2021.3重印）
（青少年求知文库）
ISBN 978-7-206-06873-7

Ⅰ.①天… Ⅱ.①王… Ⅲ.①成功心理学—青少年读物 Ⅳ.①B848.4-49

中国版本图书馆CIP数据核字(2010)第120425号

天生我才必有用

编　　者： 王　磊
责任编辑： 王一莉
吉林人民出版社出版（长春市人民大街7548号　邮政编码：130022）
印　　刷： 三河市燕春印务有限公司
开　　本： 700mm×970mm　1/16
印　　张： 13　　　　　　**字数：** 110千字
标准书号： ISBN 978-7-206-06873-7
版　　次： 2010年7月第1版
印　　次： 2021年3月第2次印刷
定　　价： 39.00元

如发现印装质量问题，影响阅读，请与印刷厂联系调换。

目　录

音乐大师——路德维希·凡·贝多芬　　　　　　　　/ 001

享誉世界的作家和演说家——海伦·凯勒　　　　　/ 006

青年楷模、作家——张海迪　　　　　　　　　　　/ 011

伟大的理论物理学家——斯蒂芬·霍金　　　　　　/ 016

前苏联作家——尼·奥斯特洛夫斯基　　　　　　　/ 021

火热的青春因为坚强而燃烧——桑兰　　　　　　　/ 027

坐轮椅的美国总统——富兰克林·罗斯福　　　　　/ 032

无脚飞将军——马列西耶夫　　　　　　　　　　　/ 039

捷克音乐天才——斯美塔那　　　　　　　　　　　/ 043

坚强的小说家——海明威　　　　　　　　　　　　/ 047

不朽的聋人发明家——爱迪生　　　　　　　　　　/ 052

《美丽心灵》的天才——纳什　　　　　　　　　　/ 056

留下了大量科普文献的科学家——高士其　/ 062
轮椅上的提琴家——帕尔曼　/ 067
印象派巨匠——梵高　/ 072
聋人手语主持人——姜馨田　/ 076
盲童教育家——徐白仑　/ 081
中国的保尔——吴运铎　/ 087
阿炳的绝唱《二泉映月》　/ 091
以文学思考人生的作家——史铁生　/ 096
有自信才能创造奇迹　/ 099
做自己命运的主人　/ 102
自信，使不可能变为可能　/ 104
做人要懂得自己的价值　/ 108
充满自信才有希望　/ 115
把握住自己的人生　/ 122
学会选择，懂得放弃　/ 124
笑对人生　/ 129
"糊糊涂涂"过一生　/ 133
拥抱痛苦　/ 137
信念不死，希望永存　/ 140
做事可以失败，做人不能失败　/ 144
只有意志坚强，才能拒绝被打败　/ 147
相信自己一定能行　/ 150

目 录

最好的伯乐是你自己	/ 155
想获得成功，首先要充满自信	/ 159
凡事做了就有可能	/ 162
成功不如我们想象的复杂	/ 165
成功只在一念之间	/ 168
从乞丐到芝加哥的富翁	/ 170
女皇之路	/ 173
只要不认输，就有机会	/ 177
一旦看准，大胆行动	/ 179
跌倒了爬起来	/ 181
敢于冒险，勇于挑战	/ 184
坚持是实现目标的关键	/ 187
机遇要靠自己争取	/ 192
看清自己的短处	/ 196
有目标就有方向	/ 198
替别人着想就是为自己着想	/ 200

音乐大师——路德维希·凡·贝多芬

　　路德维希·凡·贝多芬，祖籍是荷兰。他出生于德国波恩的平民家庭，家族是科隆选侯宫廷歌手世家，自幼跟从父亲学习音乐，很早就显露了音乐上的才华。8岁便开始登台演出。1792年到音乐之都维也纳深造，艺术上进步飞快。他信仰共和，崇尚英雄，创作了大量充满时代气息的优秀作品，如交响曲《英雄》、《命运》；序曲《哀格蒙特》；钢琴曲《悲怆》、《月光曲》、《暴风雨》、《热情》等等。他集古典音乐的大成，同时开辟了浪漫时期音乐的道路，对世界音乐的发展有着举足轻重的作用，被后人尊称为"乐圣"。德国最伟大的音乐家、钢琴家，维也纳古典乐派代表人物之一也是最后一位，与海顿、莫扎特一起被后人称为"维也纳三杰"。这里离法国边境不远，当贝多芬19岁的时候，法国大革命爆发，给贝多芬带来自由、平等、博爱的理想。他的9部交响曲全都在维也纳举行了首演式。1805年，他唯一的一部歌剧创作《费德里奥》也在维也纳的国家歌剧院举行了首演。贝多芬被后人认为是有史以来最伟大的交响曲作家。他的《英雄交响曲》充满了激情。他的第九部交响曲取材于德国诗人席勒的《欢乐颂》，如今已经成为欧盟的盟歌。

贝多芬的祖父与父亲都是宫廷歌手。在大部分时间里，他的父亲都喝得太醉，没有对家庭和气过一点，甚至连家人们是否有足够的吃穿都从未过问。起初，善良的祖父还能使这个家庭免受太多的苦；反过来，他最大的孙子的音乐才能也使老人感到莫大的欣慰，还把自己的名字给了他。但是当小贝多芬3岁生日时，祖父就去世了。贝多芬的父亲常把孩子拽到键盘前，让他在那里艰苦地练上许多小时，每当弹错的时候就打他的耳光。邻居们常常听见这个小孩子由于疲倦和疼痛而抽泣着睡去。不久，一个没什么水平的旅行音乐家法伊弗尔来到这个市镇，被带到贝多芬家里。他和老贝多芬常常在外面一个小酒馆里喝酒到半夜，然后回家把小路德维希拖下床开始上课，这一课有时要上到天亮才算完。为了使他看上去象一个神童，父亲谎报了他的年龄，在他8岁时，把他带出去当做6岁的孩子开音乐会。但是天下哪有后天培养出来的神童，尽管费了很多事，老贝多芬始终没有能够把他的儿子造就成另一个年轻的莫扎特。与莫扎特相比，贝多芬的童年太不幸了。莫扎特在童年受到良好的教育,他的练功时间是愉快而安静的,有着一个慈爱的父亲和一个被钟爱的姐姐;而贝多芬则不然,虽然他的演奏赢得了家乡人的尊敬,但世界性的旅行演出却远未像莫扎特那样引起世人的惊叹。

贝多芬无时不充满着一颗火热的心,可是他的热情是非常不幸的,他总是交替地经历着希望和热情、失望和反抗,这无疑成了他的灵感源泉。贝多芬一生坎坷,没有建立家庭。26岁时听力衰退,晚年失聪,只能通过谈话册与人交谈。但孤寂的生活并没有使他沉默和隐退,在一切进步思想都遭禁止的封建复辟年代里,依然坚守"自由、平等、博爱"的政治信念,通过言论和作品,为共和理想奋臂呐喊,反映了当时资产阶级反封建、争民主的革命热情,写下不朽名作《第九交响曲》。当他真切地感觉到自己的耳朵越来越聋时,他几乎绝望了。人生似乎不值得活下去了:对一个音乐家来说,还有比听不见他喜欢听而且靠它生活的甜美声音更不幸的事情吗!起初,只有威格勒医生和斯蒂芬·冯·勃罗伊宁等几个老朋友知道他的不幸。他放弃到各王宫去听他如此喜爱的欢快的音乐会,他怕人们注意到他的耳聋,以为一个听不见声音的音乐家是写不出好作品来的。不!他想起他想写的一切音乐,"我要扼住命运的喉咙!"也许对他来说,在耳聋的时候创作音乐并没有别的音乐家那么难。在他看来,音乐不仅是用迷人的声音安排各种主题或音型,它也是表现最深刻的思想的一种语言。

贝多芬的心中充满了自由、平等、博爱的理想，他是1789年法国资产阶级革命的热烈拥护者。1798年，柏纳多特将军出任法国驻维也纳大使，贝多芬常到他的家里，并和他周围的人有密切的交往。1802年，贝多芬在柏纳多特的提意下，动手写作献给拿破仑的《第三交响曲》。贝多芬从1796年开始便已感到听觉日渐衰弱，直到1801年，当他确信自己的耳疾无法医治时，才把这件事情告诉给他的朋友。但是，他对艺术的爱和对生活的爱战胜了他个人的苦痛和绝望——苦难变成了他的创作力量的源泉。在这样一个精神危机发展到顶峰的时候，他开始创作他的乐观主义的《第三交响曲》。《第三交响曲》标志着贝多芬的精神的转机，同时也标志着他创作的"英雄年代"的开始。在他的心目中，拿破仑是摧毁专制制度、实现共和理想的英雄。1804年，贝多芬完成了《第三交响曲》。正当他准备献给拿破仑时，拿破仑称帝的消息传到了维也纳。贝多芬从学生李斯那里得知这个消息时，怒气冲冲地吼道："他也不过是一个凡夫俗子。现在他也要践踏人权，以逞其个人的野心了。他将骑在众人头上，成为一个暴君！"说着，走向桌子，把写给拿破仑的献词撕个粉碎，扔在地板上，不许别人把它拾起来。过了许多日子，贝多芬的气愤才渐渐的平息，并允许把这部作品公之于世。1804年12月，这部交响曲在维也纳罗布科维兹亲王的宫廷里首次演出。1805年4月在维也纳剧院的第一次公开演出，是由贝多芬亲自指挥的，节目单上写着："一部新的大交响曲，升 D 大调，路德维希·凡·贝多芬先生作，献给罗布科维兹亲王殿下。"奇怪的是，贝多芬不说是降 E 大调，而说是升 D 大调。1806 年 10 月总谱出版时，标题页上印着：英雄交响曲为纪念一位伟人而作，从此《第三交响曲》就被称为"英雄交响曲"。

贝多芬于 1827 年 3 月 26 日在维也纳辞世；死时没有一个亲人在他身旁，但是在同月 29 日下葬时却形成了群众性的一个浪潮，所有的学校全部停课表示哀悼，有两万群众护送着他的棺枢，他的墓碑上铭刻着奥地利诗人格利尔巴采的题词："当你站在他的灵枢跟前的时候，笼罩着你的并不是志颓气丧，而是一种崇高的感情；我们只有对他这样一个人才可以说：他完成了伟大的事业……"贝多芬是世界艺术史上的伟大作曲家之一，他的创作集中体现了他那巨人般的性格，反映了那个时代的进步思想，它的革命英雄主义形象可以用"通过苦难——走向欢乐；通过斗争——获得胜利"加以概括。他的作品既壮丽宏伟又极朴实鲜明，它的音乐内容丰富，同时又易于为听众所理解和接受。贝多芬的音乐集中体现了他那个时代人民的痛苦和欢乐，斗争和胜利，因此它过去总是那样激励着人们，鼓舞着人们的斗志，即使在现在也使人们感到亲切和鼓舞。

享誉世界的作家和演说家
——海伦·凯勒

海伦·凯勒，19世纪美国盲聋女作家、教育家、慈善家、社会活动家。她以自强不息的顽强毅力，在安妮·莎莉文老师的帮助下，掌握了英、法、德等五国语言。完成了她的一系列著作，并致力于为残疾人造福，建立慈善机构，被美国《时代周刊》评为美国十大英雄偶像，荣获"总统自由勋章"等奖项。主要著作有《假如给我三天光明》、《我的生活》、《我的老师》等。

刚满周岁那年，一天傍晚，母亲趁太阳西下以前，放了一盆热水为海伦·凯勒擦洗身子。可是，当母亲自从浴盆把海伦·凯勒抱了起来，放在膝盖上，正想拿条大毛巾替她包裹身子的时候，海伦凯勒的目光，突然被地板上摇晃不定的树影给吸引了过去。她好奇地看著，看得很入神，眼珠子动也不动一下，而且还忍不住伸长小手扑了过去，好像非得揪住它不可。当时，母亲虽然已经注意到海伦·凯勒的眼神，但是看在母亲的眼里，树影不过是平常又自然的现象，没什么好大惊小怪的。所以，她万万没有想到海伦凯勒会使出这么大劲儿往前倾，结果不小心一溜手，竟让海伦·凯勒滑倒在地，哇哇大哭个不停。母亲知道女儿受了惊吓，飞快地将海伦·凯勒搂进怀里，连哄带骗了好一阵子，海伦·凯勒才安静了下来。事隔不久，母亲一个人静静回想这件事情发生的经过，她发现海伦凯勒的观察力似乎特别灵敏。通常一个周岁大的婴儿，应该是懵懵懂懂的，对什么事情都没有企图深入了解的倾向，可是海伦凯勒却别有细腻之思，甚至于想用自己的肢体去感受变化的奇妙。当然，跟大人比起来，海伦凯勒的表现并不成熟，如果跟其他的婴孩相比，可就不能不算特殊了。而为人父母的，能幸运地生下一个天赋优异的小孩，当然是得意洋洋！每逢亲朋好友到家里做客，不谈起女儿也就罢了，一旦话题转到海伦·凯勒身上，母亲心满意足的喜悦，就会自然而然地从言谈中流露了出来。

但是这份喜悦到底能持续多久呢？当父母亲正兴高采烈畅谈海伦·凯勒美好未来的当儿，海伦·凯勒却莫名其妙生了一场大病，这场大病不但夺走了父母心中的希望，更使海伦·凯勒变成一个看不见、也听不见的小女孩，而且她脾气更暴躁起来！

可怜的海伦·凯勒，该如何去面对一个没有光线、没有声音的世界呢？这真是一个令人头痛的问题。通常教育一个五官健全的孩子，已经不是一件轻而易举的事了，更何况海伦·凯勒又瞎又聋！也许，父母亲他们可以猜测、也可以想象海伦·凯勒的心情，但是他们绝对无法体会，就如同海伦·凯勒无法体会正常人的生活一样，他们真的无从体会。起先，父母亲采用实验的方法，一次又一次地尝试，虽然他们失败过无数次，但是日子久了，也摸索出不少要领，他们除了被动地猜想海伦·凯勒的比手画脚，有时也教导海伦凯勒凭藉肢体动作，表达喜怒哀乐。另外，海伦·凯勒也学习运用触觉去感受周遭的事事物物。就这样一点一的累积，四五年以后，大凡孩子们用眼睛、耳朵能感受的，海伦·凯勒都能以触摸的方式领略。只是父母亲不是残障教育的专家，所以海伦·凯勒学到的肢体语言，只有父母才看得懂，至于外人可就很难说了。向来关心女儿的父母亲，也一直挂心这个问题，尤其他们想到自己终有年老体衰的一天，到时候要是海伦·凯勒仍然不能跟外人沟通，那海伦·凯勒往后的遭遇，将是非常悲惨的。于是，在海伦·凯勒7岁那年，他们从外地请来一位受过专门训练的莎利文老师。莎利文老师跟海伦·凯勒很投缘，她们认识没有几天就相处融洽，而且海伦·凯勒还从莎利文老师那里学会了认字。

一天，老师在海伦·凯勒的手心写了"水"这个字，海伦·凯勒不知怎么搞的，总是没法子记下来。老师知道海伦·凯勒的困难处在哪儿，她带著海伦·凯勒走到喷水池边，要海伦·凯勒把小手放在喷水孔下，让清凉的泉水溅溢在海伦·凯勒的手

上。接着，莎利文老师又在海伦·凯勒的手心，写下"水"这个字，从此海伦·凯勒就牢牢记住了，再也不会搞不清楚。海伦后来回忆说："不知怎的，语言的秘密突然被揭开了，我终于知道水就是流过我手心的一种物质。这个喝的字唤醒了我的灵魂，给我以光明、希望、快乐。不过，莎利文老师认为，光是懂得认字而说不出话来，仍然不方便沟通。可是，从小又聋又瞎的海伦·凯勒，一来听不见别人说话的声音，二来看不见别人说话的嘴型，所以，尽管她不是不能说话的哑巴，却也没法子说话。为了克服这个困难，莎利文老师替海伦·凯勒找了一位专家，教导她利用双手去感受别人说话时嘴型的变化，以及鼻腔吸气、吐气的不同，来学习发音。当然，这是一件非常不容易的事，不过，海伦·凯勒还是做到了。盲人作家海伦·凯勒，除了突破官能障碍学会说话，更奉献自己的一生，四处为残障人士演讲，鼓励他们肯定自己，立志做一个残而不废的人。海伦·凯勒这份爱心，不但给予残障人士十足的信心，更激起各国人士正视残障福利，纷纷设立服务机构，辅助他们健康快乐的过生活。

海伦·凯勒的散文代表作《假如给我三天光明》，她以一个身残志坚的柔弱女子的视角，告诫身体健全的人们应珍惜生命，珍惜造物主赐予的一切。此外，本书中收录的《我的人生故事》是海伦·凯勒的本自传性作品，被誉为"世界文学史上无与伦比的杰作"。

1968年，海伦89岁去世，她把所有终生致力服务残障人士的事迹，传遍全世界。她写了很多书，她的故事还拍成了电影。莎利文老师把最珍贵的爱给了她，她又把爱散播给所有不幸的人，带给他们希望。死后，因为她坚强的意志和卓越的贡献感动了全世界，并且各地人民都开展了纪念她的活动。

海伦·凯勒，自幼因病成为盲聋哑人，但她自强不息，克服巨大的困难读完大学，一生写了十几部作品，同时致力于救助伤残儿童、保护妇女权益和争取种族平等的社会活动。1964年获总统自由勋章。她的事迹曾两次被拍成电影。

青年楷模、作家——张海迪

张海迪,1955年秋天在出生于济南。5岁患脊髓病、高位截瘫。从那时起,张海迪开始了她独特的人生。她无法上学,便在家中自学完成中学课程。15岁时,张海迪跟随父母,下放(山东)聊城农村,给孩子当起了老师。她还自学针灸医术,为乡亲们无偿治疗。后来,张海迪自学多门外语,还当过无线电修理工。她虽然没有机会走进校园,却发奋学习,学完了小学、中学全部课程,自学了大学英语、日语和德语,并攻读了大学和硕士研究生的课程。1983年张海迪开始从事文学创作,先后翻译了《海边诊所》等数十万字的英语小说,编著了《向天空敞开的窗口》、《生命的追问》、《轮椅上的梦》等书籍。其中《轮椅上的梦》在日本和韩国出版,而《生命的追问》出版不到半年,已重印4次,获得了全国"五个一工程"图书奖。在《生命的追问》之前,这个奖项还从没颁发给散文作品。2002年,一部长达30万字的长篇小说《绝顶》问世。《绝顶》被中宣部和国家新闻出版署列为向"十六大"献礼重点图书并连获"全国第三届奋发文明进步图书奖"、"首届中国出版集团图书奖"、"第八届中国青年优秀读物奖"、"第二届中国女性文学奖"、"中宣部'五个一'工程图书奖"。从1983年开始,张海迪创作和翻译的作品超过100万字。为了对社会作出更大的贡献,她先后自学了十几种医学专著,同时向有经验的医生请教,学会了针灸等医术,为群众无偿治疗达1万多人次。1983年,《中国青年报》发表《是颗流星,就要把光留给人间》,张海迪名噪中华,获得两个美誉,一个是"八十年代新雷锋",一个是"当代保尔"。张海迪怀着"活着就要做个对社会有益的人"的信念,以保尔为榜样,勇于把自己的光和热献给人民。她以自己的言行,回答了亿万青年非常关心的人生观、价值观问题。邓小平亲笔题词:"学习张海迪,做有理想、有道德、有文化、守纪律的共产主义新人!"随后,张海迪成为道德力量。

  快乐是很难的,我们常常为了短暂的快乐,愁苦经年,张海迪更难。张海迪看上去很快乐,哪怕是在最痛的时候,她也能做出一副灿烂的笑脸。但张海迪说,她从来没有一件让她真正快乐的事。

  张海迪现在的身份是作家,但写作是痛苦的,她得了大面积的褥疮，骨头都露出来了，但她还在写。她又做过几次手术，手术是痛苦的，她的鼻癌是在没有麻醉的情况下实施手术的，她清晰地感觉到刀把自己的鼻腔打开，针从自己皮肤穿过。第一次听说自己得了癌症，她甚至感到欣喜——终于可以解脱了。张海迪说：我最大的快乐是死亡。但是，她却活了下来。

她写小说，画油画，跳芭蕾，拍电视，唱歌，读硕士……甚至，她很喜欢香水，她活得有滋有味。主持人朱军问她，你这样坐着是不是很难受，她说，是的，非常难受，可我已经这样坐了40年了。作为政协委员，她的提案是在高校推行无障碍设施。"我很痛苦，但我一样可以让别人快乐"，张海迪说这话的时候，诗意从她身边弥漫开来。"20年过去了，现在回想起来，面对媒体我始终非常平静，当你突然面对那么多的闪光灯、笑声、掌声，调整自己最重要，该做什么还是做什么，我的心始终像一泓碧水，那么蓝，那么深。""还有一个脆弱的海迪。像我这样一个残疾女性，身上被弄脏后又无能为力的那种懊恼是你们根本无法想象的。有时我甚至想，没有我多好。有时出差住在高楼，我就去那里往下看一看，我常想，假如我真的这么掉下去了，就什么都结束了，再也不用承受什么痛苦了，我甚至盼望可以安乐死。""回过头来想，我的确是个非常顽强的海迪，残疾对于人类来说是个大痛苦，但总是需要有人来咀嚼，我感谢生活给了我一支能说话的笔，它让我去倾诉,去抗争,我不仅活着,而且在写作中放飞了心灵。"

"今天坐在这面窗前,看着眼前这一大片青草地,我希望能够像你们一样,用双脚一步一步地感受大地的温馨、亲切,找回我以前曾经拥有过的走路的感觉……"在残酷的命运挑战面前,张海迪没有沮丧和沉沦,她以顽强的毅力和恒心与疾病作斗争,经受了严峻的考验,对人生充满了信心。她虽然没有机会走进校门,却发奋学习,学完了小学、中学全部课程,自学了大学英语、日语、德语和世界语,并攻读了大学和硕士研究生的课程。1983年张海迪开始从事文学创作,先后翻译了《海边诊所》等数十万字的英语小说,编著了《向天空敞开的窗口》、《生命的追问》、《轮椅上的梦》等书籍。其中《轮椅上的梦》在日本和韩国出版,而《生命的追问》出版不到半年,已重印3次,获得了全国"五个一工程"图书奖。在《生命的追问》之前,这个奖项还从没颁发给散文作品。最近,一部长达30万字的长篇小说《绝顶》,即将问世。从1983年开始,张海迪创作和翻译的作品超过100万字。

1991年张海迪在做过癌症手术后,继续以不屈的精神与命运抗争。她开始学习哲学专业研究生课程,经过不懈的努力她写出了论文《文化哲学视野里的残疾人问题》。1993年,她在吉林大学哲学系通过了研究生课程考试,并通过了论文答辩,被授予硕士学位。张海迪以自身的勇气证实着生命的力量,正像她所说的"像所有矢志不渝的人一样,我把艰苦的探询本身当做真正的幸福"。她以克服自身障碍的精神为残疾人进入知识的海洋开拓了一条道路。张海迪多年来还做了大量的社会工作。她以自己的演讲和歌声鼓舞着无数青少年奋发向上，她也经常去福利院，特教学校，残疾人家庭，看望孤寡老人和残疾儿童，给他们送去礼物和温暖。近年来，她为下乡的村里建了一所小学，帮助贫困和残疾儿童治病读书，还为灾区和孩子们捐款，捐献自己的稿酬六万余元。她还积极参加残疾人事业的各项工作和活动，呼吁全社会都来支持残疾人事业，关心帮助残疾人，激励他们自强自立，为残疾人事业的发展作出了突出的贡献。为了对社会作出更大的贡献，她先后自学了十几种医学专著，同时向有经验的医生请教，学会了针灸等医术，为群众无偿治疗达一万多人次。

张海迪身患高位截瘫，而她在病床上，用镜子反射来看书，最后张海迪以惊人的毅力学会了4国语言，并成功的翻译了16本海外著作。她具有一种积极乐观的人生态度，因此我们要学习她的顽强的精神！

伟大的理论物理学家
——斯蒂芬·霍金

　　英国剑桥大学应用数学及理论物理学系教授，当代最重要的广义相对论和宇宙论家，是当今享有国际盛誉的伟人之一，被称为在世的最伟大的科学家，还被称为"宇宙之王"。20世纪70年代他与彭罗斯一起证明了著名的奇性定理，为此他们共同获得了1988年的沃尔夫物理奖。他因此被誉为继爱因斯坦之后世界上最著名的科学思想家和最杰出的理论物理学家。他还证明了黑洞的面积定理，即随着时间的增加黑洞的面积不减。

　　斯蒂芬·威廉·霍金出生的那一天，正是伽利略逝世300年祭日（1942年1月8日）。他曾先后毕业于牛津大学和剑桥大学，并获剑桥大学哲学博士学位。他之所以在轮椅上坐了47年，是因为他在21岁时就不幸患上了会使肌肉萎缩的卢伽雷氏症，演讲和问答只能通过语音合成器来完成。霍金虽然身体的残疾日益严重，霍金却力图像普通人一样生活，完成自己所能做的任何事情。他甚至是活泼好动的——这听起来有些好笑，在他已经完全无法移动之后，他仍然坚持用唯一可以活动的手指驱动着轮椅在前往办公室的路上"横冲直撞"；当他与查尔斯王子会晤时，旋转自己的轮椅来炫耀，结果轧到查尔斯王子的脚趾，被查尔斯王子臭骂一通。1973年，他考虑黑洞附近的量子效应，发现黑洞会像黑体一样发出辐射，其辐射的温度和黑洞质量成反比，这样黑洞就会因为辐射而慢慢变小，而温度却越变越高，它以最后一刻的爆炸而告终。黑洞辐射的发现具有极其基本的意义，它将引力、量子力学和统计力学统一在一起。1974年以后，他的研究转向量子引力论。虽然人们还没有得到一个成功的理论，但它的一些特征已被发现。例如，空间-时间在普郎克尺度（10厘米~33厘米）下不是平坦的，而是处于一种粉沫的状态。在量子引力中不存在纯态，因果性受到破坏，因此使不可知性从经典统计物理、量子统计物理提高到了量子引力的第三个层次。1980年以后，他的兴趣转向量子宇宙论。2004年7月，霍金修正了自己原来的"黑洞悖论"观点，信息应该守恒。

  霍金的生平是非常富有传奇性的，在科学成就上，他是有史以来最杰出的科学家之一，他的贡献是在他20年之久被卢伽雷病禁锢在轮椅上的情况下做出的，这真正是空前的。因为他的贡献对于人类的观念有深远的影响，所以媒介早已有许多关于他如何与全身瘫痪作搏斗的描述。所以说，上帝对每个人都是很公平的。他有身体上的缺陷，可头脑聪明得很！尽管如此，译者（吴忠超）之一于1979年第一回见到他时的情景至今还历历在目。那是第一次参加剑桥霍金广义相对论小组的讨论班时，门打开后，忽然脑后响起一种非常微弱的电器的声音，回头一看，只见一个骨瘦如柴的人斜躺在电动轮椅上，他自己驱动着电开关。译者尽量保持礼貌而不显出过分吃惊，但是他对首次见到他的人对其残废程度的吃惊早已习惯。他要用很大努力才能举起头来。在失声之前，只能用非常微弱的变形的语言交谈，这种语言只有在陪他工作、生活几个月后才能通晓。他不能写字，看书必须依赖于一种翻书页的机器，读文献时必须让人将每一页摊平在一张大办公桌上，然后他驱动轮椅如蚕吃桑叶般地逐页阅读。人们不得不对人类中居然有以这般坚强意志追求终极真理的灵魂从内心产生深深的敬意。从他对译者私事的帮助可以体会到，他是一位富有人情味的人。每天他必须驱动轮椅从他的家——剑桥西路5号，经过美丽的剑河、古老的国王学院驶到银街的应用数学和理论物理系的办公室。该系为了他的轮椅行走便利特地修了一段斜坡。

《时间简史续编》是宇宙学无可争议的权威，霍金的研究成就和生平一直吸引着广大的读者，《时间简史续篇》是为想更多了解霍金教授生命及其学说的读者而编的。该书以睿智真挚的私人访谈形式，叙述了霍金教授的生平历程和研究工作，展现了在巨大的理论架构后面真实的人性。该书本来就不是一部寻常的口述历史，而是对20世纪人类最伟大的头脑之一的极为感人又迷人的画像和描述。对于非专业读者，本书无疑是他们绞尽脑汁都无法真正理解的，只能当科幻小说看。《霍金讲演录——黑洞、婴儿宇宙及其他》，是由霍金1976-1992年间所写文章和演讲稿共13篇结集而成。讨论了虚拟空间、有黑洞引起的婴儿宇宙的诞生以及科学家寻求完全统一理论的努力，并对自由意志、生活价值和人的生存方式及进化原理作出了独到的见解。时间简史中，霍金念念不忘的就是大统一理论，这是爱因斯坦未竟的梦想。霍金在本书中坦言，不能用单独的美妙的公式描述和预测宇宙的每一件事情，因为量子理论的测不准原理决定了宇宙是不确定性和确定性统一的。

《时空本性》80年前广义相对论就以完整的数学形式表达出来，量子（他个人认为这只是研究理论物理目前的最小单位）理论的基本原理在70年前也已出现，然而这两种整个物理学中最精确、最成功的理论能被统一在单独的量子引力中吗？世界上最著名的两位物理学家就此问题展开一场极端与极端的辩论。本书是基于霍金和彭罗斯在剑桥大学的6次演讲和最后辩论而成。

《未来的魅力》本书以史蒂芬·威廉·霍金预测宇宙今后10亿年前景开头，以唐·库比特最后的审判的领悟为结尾，介绍了预言的发展历程，及我们今天预测未来的方法。该书文字通俗易懂，作者在阐述自己观点的同时，还穿插解答了一些饶有趣味的问题。

《果壳中的宇宙》该书是霍金教授继《时间简史》后最重要的著作。霍金教授在这本书中，再次把我们带到理论物理的最前沿，在霍金教授的世界里，真理和幻想有时只是一线之差。霍金教授用通俗的语言解释提示我们对宇宙的展开充分的想象，并以他独特的热情，邀请我们一起展开一场非凡的时空之旅。《时间简史——从宇宙空间大爆炸到黑洞》这本书是霍金的代表作。作者想象丰富，构思奇妙，语言优美，字字珠玑，更让人咋惊，"世界"之外，未来之变，是这样的神奇和美妙。这本书至今累计发行量已达2500万册，被译成近40种语言。

前苏联作家——尼·奥斯特洛夫斯基

前苏联作家尼古拉·阿耶克塞耶维奇·奥斯特洛夫斯基于1904年9月29日出生在乌克兰维里亚村一个贫困的农民家庭，他排行第五，11岁便开始当童工。1919年加入共青团，随即参加国内战争。1923年到1924年担任乌克兰边境地区共青团的领导工作，1924年加入共产党。由于他长期参加艰苦斗争，身体健康受到严重损害，到1927年，健康情况急剧恶化，但他毫不屈服，以惊人的毅力同病魔作斗争。1934年底，他着手创作一篇关于科托夫斯基师团的"历史抒情英雄故事"（即《暴风雨所诞生的》）。1927年底，奥斯特洛夫斯基在与病魔作斗争的同时，创作了一篇关于科托夫骑兵旅成长壮大以及英勇征战的中篇小说。两个月后小说写完了，他把小说封好让妻子寄给敖德萨科托夫骑兵旅的战友们，征求他们的意见，战友们热情地评价了这部小说，可万万没想到，不幸的是，唯一一份手稿在寄给朋友们审读时被邮局弄丢了。这一残酷的打击并没有挫败他的坚强意志，反而使他更加顽强地同疾病作斗争。1929年，他全身瘫痪，双目失明。1930年，他用自己的战斗经历作素材，以顽强的意志开始创作长篇小说《钢铁是怎样炼成的》。小说获得了巨大成功，受到同时代人的真诚而热烈的称赞。1934年，奥斯特洛夫斯基被吸收为前苏联作家协会会员。1935年底，前苏联政府授予他列宁勋章，以表彰他在文学方面的创造性劳动和卓越的贡献。1936年12月22日，由于重病复发，奥斯特洛夫斯基在莫斯科逝世。

尼古拉·奥斯特洛夫斯基出生在乌克兰，不过他是俄罗斯人。父亲是酿酒厂的制曲工人，也曾在外村或城里打零工。还当过五年邮差。他到过彼得堡，服过兵役，接触过进步的大学生，知道一些革命者与沙皇作斗争的故事。母亲出身贫寒，小小年纪就不得不去给人家干活，放鹅、种菜、照看孩子。他们婚后生下六个儿女，夭折了两个。奥斯特洛夫斯基最小，上面有两个姐姐、一个哥哥。母亲除了做家务带孩子，还替人家做针线，当女佣。他10岁那年，由于第一次世界大战爆发，全家为逃避战火，辗转到达舍佩托夫卡定居。这时，日子过得更加艰难。初级教会小学毕业后，因家境贫寒不得不辍学做工。奥斯特洛夫斯基11岁就进当地的火车站食堂当小伙计，14岁进发电厂，给司炉工、电工打下手，也干过锯木柴、卸煤等杂活。他从小具有极强的求知欲，渴望念书，但只断断续续地上过几年学。在学校里，他不仅成绩优秀，而且十分活跃，是老师的好助手。他试写过童话、短篇小说和诗歌，在学生自编手写的"杂志"《青春的色彩》上发表过习作。他还喜欢演话剧，最爱登台扮演具有英雄气概的角色。他几度辍学，大都是由于贫穷，有一次则是因为触犯了教神学课的神父。于是，这孩子想尽办法借书，甚至把午饭让给报贩吃，换取报刊来看。他在12岁时就读过英国女作家伏尼契的代表作《牛虻》，从此，牛虻的形象深深地印在了他的心坎里。

1919年，加入苏俄共青团并参加红军同白匪作战。1923-1924年担任共青团工作。1924年加入共产党。1927年因病全身瘫痪，双目失明。他以惊人的毅力写了长篇小说《钢铁是怎样炼成的》和《暴风雨所诞生的》，根据亲身经历，描写苏联青年在革命熔炉中锻炼成长的经历。《钢铁是怎样炼成的》早在1942年就译成中文，书中主人公保尔·柯察金成为中国青年的学习榜样。1936年12月22日，奥斯特洛夫斯基病逝。（那时《暴风雨所诞生的》才写了第一章，书稿还在印刷厂排字）现实生活的苦难与沉重，书中人物的坚毅与光辉，使这个男孩懂事、早熟。他曾帮助布尔什维克地下组织张贴传单、刺探情报。15岁时，他走在街上，突然发现地下革命委员会的一位成员被一名全副武装的匪兵押着迎面过来。他不顾一切，猛地朝匪兵扑去。革命者意外获救，他却因此被捕。这个少年受到严刑拷打，但不吐露片言只字，硬是挺了过来。后来，红军和起义者击溃了匪军。同年7月，奥斯特洛夫斯基参加共青团；8月，自愿加入红军，随部队上前线，经受战争烈火的考验。他当骑兵，当侦察员，转战各地。这个年轻人，不仅跃马挥刀，作战英勇，得到书面嘉奖，而且善于激励战友，显示出宣传鼓动的才能。次年8月，奥斯特洛夫斯基腹部和头部受重伤，在野战医院的病床上度过了经常处于昏迷状态的两个月。出院后，右眼只保留了五分之二的视力，于是转业来到地方。

  他参加过肃反委员会的工作，在铁路总厂担任电工助理，并被选为团支部书记，同时进电工技校学习。17岁时，带头参加修建一条铁路支线的艰巨工作。在铁路工地上，不少人被恶劣的条件、疾病和匪帮的偷袭夺去生命。奥斯特洛夫斯基咬紧牙关，拼命干活。但在即将竣工时，他双膝红肿，步履艰难，并且感染了伤寒，昏迷不醒，被送回老家。在母亲悉心照料下，他才勉强活了过来。重返工厂后，他一边劳动，一边在技校学习。伤病之身，经不起过度的辛劳，健康状况越来越糟，他被送进疗养院进行泥疗。病情稍有好转，又返回基辅，并和许多共青团员一起，在没膝深、刺骨冷的河水中抢救木材。他再次病倒了。18岁时，医疗鉴定委员会为他签发了一等残废证明。他藏起证明，要求安排工作。这以后，当过团区委书记、全民军训营政委、地区团委委员、团省委候补委员。20岁入党,并一度担任团省委书记。不幸的是,他又遇上一场车祸,右膝受伤,引发了瘤疾,关节红肿胀痛,活动困难,才23岁,他就瘫痪了,而且双目逐渐失去视力。

从此,他往返于各地医院,进行治疗不见好转。26岁,接受第九次手术,刀口缝合后,竟有一个棉球留在体内。虚弱的病人,如果再次施以麻醉,只怕会损伤心脏,危及生命。他主动提出不用麻醉,切开刀口,取出棉球。他没有发出一声呻吟,但术后高烧,8天不退。这以后,他断然拒绝任何手术,说:"我已经为科学献出了一部分鲜血,剩下的,让我留着干点别的事吧。"在各地的医院和疗养院,他结识了不少朋友,其中有些是老一辈的革命家。他在治病间隙,利用仅剩的视力,大量阅读优秀的文学著作,其中包括普希金、托尔斯泰、契诃夫、高尔基、肖洛霍夫、巴尔扎克、雨果、左拉、德莱塞等作家的作品。他参加函授大学的学习,同时写出一部反映战斗生活的中篇小说。可惜小说唯一的手稿在外地战友阅后寄回途中丢失了。

26岁,他着手创作长篇小说《钢铁是怎样炼成的》;27岁完成第一部,次年得到发表和出版。1934年小说出版,获得了巨大的成功,他也被吸收为苏联作家协会会员。随后,奥斯特洛夫斯基开始创作另一组三部曲长篇小说《暴风雨所诞生的》,以表彰他在文学方面的创造性劳动和卓越贡献。30岁,

《钢铁是怎样炼成的》第二部问世。31岁荣获列宁勋章;32岁,也就是1936年的12月14日,完成了另一部长篇《暴风雨所诞生的》(第一部)的校订工作。8天后,即12月22日,他就与世长辞了。

火热的青春因为坚强而燃烧
——桑兰

桑兰，出生于 1981 年 6 月 11 日，浙江宁波人，原中国女子体操队队员，1993 年进入国家队，1997 年获得全国跳马冠军，1998 年 7 月 22 日，桑兰在第四届美国友好运动会的一次跳马练习中不慎受伤，造成颈椎骨折，胸部以下高位截瘫，成为各方关注的焦点。其表现出顽强意志，在北京大学新闻系毕业，并成为 2008 年北京申奥大使之一，又于 2008 年北京奥运官方网站担当特约记者。

1999 年 1 月她成为了第一位在时代广场为帝国大厦主持点灯仪式的外国人，1999 年 4 月荣获美国纽约长岛纳苏郡体育运动委员会颁发的第五届"勇敢运动员奖"，2000 年 5 月点燃中国第五届残疾人运动会火炬，2000 年 9 月代表中国残疾人艺术团赴美演出。2002 年 9 月，桑兰加盟世界传媒大亨默多克新闻集团下属的"星空卫视",担任一档全新体育特别节目《桑兰2008》的主持人,她用这样的方式继续着自己的奥运之路。也是在2002年9月,桑兰被北京大学新闻与传播学院新闻系破格免试录取,就读广播电视专业。2007年桑兰与互联网结缘,她的全球个人官方网站上线,同时她也被聘为中国奥委会官方网站特约记者!桑兰在2007年6月作为"奥运之星保障基金"的发起人,加入到了"奥运之星保障基金"的筹建工作中,为了让更多曾作出突出贡献的伤残运动员有个更好的归宿,她将为退役运动员的社会福利事业展开各方面的工作。

　　命运的多舛没有让桑兰低头,面对新的人生境遇,她艰难而又坚毅地开辟了新的人生道路。作为曾经的中国体操的旗帜性人物,在遭遇人生重大挫折后,桑兰始终用一种平和的心态看待自己,不幸只会让她更加的成熟。她的辉煌诉说着她的成长,她的人生低谷也得到好心人不断地鼓励。她说,在自己最困难的时候,是大众给了她站起来的勇气。她每天都坚持练习生活动作,现已可以完成刷牙、洗脸等简单动作,但每次尝试都让她大汗淋漓。桑兰1999年5月24日回国后,一直在中国康复研究中心附属北京博爱医院接受门诊康复治疗。医院为桑兰专门成立了由具有丰富经验的专家组成的康复治疗小组,为她制订了科学缜密的康复治疗计划。在治疗内容里,有上下肢关节活动度训练、双臂肌力训练、轮椅操纵技巧训练、站立训练、手的灵巧性训练、日常生活自理能力训练、心理康复训练和按摩治疗。

桑兰凭借自己顽强、乐观、坚强、勇敢的心态，用她自己的行动和事迹感染着整个世界！她是最富奥运精神的女性榜样！她用她动人的一笑感动了大家。桑兰曾在中国体操队享有"跳马冠军"的美誉，并获得过多项荣誉，1998年桑兰代表中国参加在纽约市长岛举办的友好运动会上，不幸因脊髓严重挫伤而造成瘫痪，然而坚强的她没有选择沮丧，而是坦然地接受了命运的挑战，始终坚持以自己的方式实现着自己的奥运梦想。这个阳光女孩用她的努力和坚强，以"桑兰式微笑"征服了无数世人。

这个告别了自己心爱的体操训练场的女孩，如今在"星空卫视"主持一档《桑兰2008》的体育节目，她把这一切都看做是自己"奥运冠军梦想"的延续。因为她希望能在自己跌倒的地方勇敢站起来，换一个角度再次亲近她最爱的体育运动。此后，喜爱媒体事业的她开始以一种率直的访问风格出现在观众面前，用多角度、多层次向观众们讲述奥运金牌背后鲜为人知的故事，并以她自然、自信的主持风格和真实的感染力赢得了许多观众的认可。

桑兰在受伤之后积极进行复健，在医护人员的精心指导下，她的康复治疗、康复训练一直没有间断，取得了可喜的进展：体位性低血压的症状已经缓解，从卧位、坐位到站立，头已经不晕了；通过康复训练，有效地防止了肌肉萎缩，四肢关节现在仍保持着良好的活动度。双臂比以前更有劲儿了，轮椅可以摇得更远了，一些小坡路自己也可以摇着轮椅上去了；通过康复训练，生活自理能力比过去有了很大提高，生活上对妈妈的依赖越来越少，自己学会做的事情越来越多，像穿脱衣服、袜子和鞋、独立进食、洗脸、刷牙、洗澡、用电脑、从轮椅到床之间的切换等等，都能自己完成；由截瘫可能引起的各种并发症，已经得到了很好的控制和改善。并于2002年进入北京大学新闻系攻读学士学位，2007年7月桑兰从学校毕业。由于工作和康复原因，桑兰的本科学业用了5年的时间。桑兰说，自己已经成了彻头彻尾的北大人，北大有她身残后刻苦学习的日日夜夜，有帮助她生活学习的师长和同学，在这里她也获得了认识社会、过上另一种生活的机会。在人生又将跨上另外一个阶段的时候，桑兰透露，自己很喜欢校园生活，许下的生日愿望是能留在北大读研，继续深造。桑兰在坚持康复训练的同时，除了做主持还为香港以及内地20多家媒体写有体育评述的专栏。香港一位热心的读者在看了桑兰的专栏后，深受鼓舞与感动，表示非常欣赏她那种永远积极向上，坚强努力的性格。因为从训练房到竞技场，从领奖台到演播室，这个年轻的女孩始终用她的坚强向世人表明了命运并不可怕，只要自己有坚强的信念，一样能让梦想起飞。所以她毫不犹豫地向桑兰捐赠了1000元港币，这不仅代表了她的一份心意，更代表了她对桑兰的钦佩之情。桑兰却选择把这笔钱捐给了港大脊髓损伤基金，因为她相信还有更多比她更需要资助与关爱的人。同时，桑兰从未忘记给予过她巨大支持和帮助的人们，她希望用自己的努力为自己衷爱的体育事业贡献一份力量，与全国人民共同携手奔向 2008 北京奥运！

坐轮椅的美国总统
——富兰克林·罗斯福

富兰克林·德拉诺·罗斯福,美国31位、第32任总统(1933年3月4日—1937年1月20日,1937年1月20日—1941年1月20日,1941年1月20日—1945年1月20日,1945年1月20日—1945年4月12日) 美国历史上唯一蝉联四届(第四届未任满)的总统。罗斯福在20世纪的经济大萧条和第二次世界大战中扮演了重要的角色。被学者评为是美国最伟大的三位总统之一。美国第26任总统西奥多·罗斯福是富兰克林·罗斯福的远房堂叔。

1910年,罗斯福以民主党人的身份开始涉足政界。他乘着一辆红色的汽车,每天进行十多次演说,最终当选纽约市参议员。1913年,威尔逊总统任命他为海军助理部长,他在任7年,表现杰出,主张建设"强大而有作战能力的海军",罗斯福在海军中建立了贯穿其一生的影响。智慧、干练、胸怀宽广、深孚众望，似乎什么都不能阻挡这个39岁的男人迈上政治峰巅的脚步。但是，无情的灾难就在这时降临。1921年8月，罗斯福带全家在坎波贝洛岛休假，在扑灭了一场林火后，他跳进了冰冷的海水，因此患上了脊髓灰质炎症。高烧、疼痛、麻木以及终生残疾的前景，并没有使罗斯福放弃理想和信念，他一直坚持不懈地锻炼，企图恢复行走和站立能力，他用以疗病的佐治亚温泉被众人称之为"笑声震天的地方"。在康复期间，罗斯福大量阅读书籍，其中有不少传记和历史著作，却几乎没有经济学或哲学著作。

1932年总统竞选是在严重经济危机的背景下进行的。1932年11月作为民主党总统候选人参加竞选，提出了实行"新政"和振兴经济的纲领。政敌们常用他的残疾来攻击他，这是罗斯福终生都不得不与之搏斗的事情，但是他总能以出色的政绩、卓越的口才与充沛的精力将其变成优势。首次参加竞选他就通过发言人告诉人们："一个州长不一定是一个杂技演员。我们选他并不是因为他能做前滚翻或后滚翻。他干的是脑力劳动，是想方设法为人民造福。"依靠这样的坚忍和乐观，罗斯福终于在1933年以绝对优势击败胡佛，成为美国第32任总统。

1941年12月7日，日本偷袭珍珠港，太平洋战争爆发。德国和意大利对美国宣战。美国则向日本、德国和意大利宣战，正式参加第二次世界大战。1942年元旦，在罗斯福的倡导下，美英苏中等26个国家的代表在华盛顿签署《联合国家宣言》，国际反法西斯同盟正式形成。1942年上半年，北非英军屡遭失败，盟国面临的军事形势极为不利。为了摆脱军事困境和作为盟军不能于1942年在欧洲开辟第二战场的补偿，罗斯福不顾马歇尔的反对，和丘吉尔一道决定盟军实施北非登陆计划。北非作战消灭了该区的德意军队。1943年初，罗斯福和丘吉尔率领有关指挥与参谋人员赴摩洛哥的卡萨布兰卡，举行军事会议。会议决定：1943年进攻西西里，进攻法国的作战延至1944年。宣布轴心国无条件投降原则。在会议结束后的联合记者招待会上，罗斯福宣称："法西斯轴心国必须无条件投降"，"这不是说要消灭德国、意大利、日本的所有居民，但是确是要消灭这些国家里的基于征服和奴役其他人民的哲学思想"。8月同丘吉尔在魁北克举行会议，讨论盟军在法国开辟第二战场的"霸王"计划。从1943年起，同盟国由战略防御转为战略进攻。为了协调盟国的作战行动和探讨盟国的战后政策，罗斯福先后与盟国首脑举行一系列重要会议。1943年3月，罗斯福即与艾登谈及战后成立维持世界和平与安全的国际组织的问题。在罗斯福的努力下，国会同意美国参加此种国际组织。5月，罗斯福、丘吉尔及有关指挥与参谋人员在华盛顿举行"三叉戟"会议决定：夺取亚速尔群岛以提供新的海空军事基础；加强对德国的空袭；命令艾森豪威尔在占领西西里之后即着手准备进攻意大利本土；次年5月1日为实施"霸王"计划的日期；制定详细计划，在太平洋地区发动打新的攻势。墨索里尼的法西斯意大利政府垮台之后，罗斯福和丘吉尔于8月魁北克召开"象限"会议，决定与新政府谈判停战。但是，盟军仍在为争夺意大利而与德军作战。11月，罗斯福与丘吉尔、蒋介石在埃及举行开罗会议。会议讨论了中国和缅甸的军事形势并决定实施"安纳吉姆"计划，签署了三国"开罗宣言"。宣言规定，三国旨在剥夺日本自一战以来在太平洋地区所提的一切岛屿，使日本所窃取于中国之领土归还中国，使朝鲜获得自由与独立。要求日本无条件投降。开罗会议之后，罗斯福、丘吉尔一行即前往伊朗与苏联最高统帅斯大林举行德黑兰会议。会议主要讨论开辟欧洲第二战场、意大利地区的军事行动和太平洋的进攻作战、德国投降后苏联的对日作战、波兰边界、战后德国的处置以及建立战后维持世界和平与安全的国际组织等问题。会议重申盟军将于1944年5月实施"霸王"计划。罗斯福为了让马歇尔留在华盛顿，决定任命艾森豪威尔为实施"霸王"计划的盟军最高司令。

  繁重的政治与战争事务，损害了罗斯福的健康。1945年4月12日，罗斯福在乔治亚州的温泉因突发脑溢血去世。著有《向前看》、《论我们的道路》等。其遗体安葬在海德公园。按照罗斯福的遗愿，美国设立罗斯福图书馆保存罗斯福的公私文件，供后人研究。

　　罗斯福总统于1934年批准成立国家档案馆的法令后，决心使自己的文件最终能够归属于国家档案馆，而不落入国会图书馆手中。他的文件也比以往的总统多得多。例如，其前任总统胡佛每天收到信函平均400件，罗斯福则每天收到信函平均4000件。1938年，罗斯福利用28000多名捐献者的捐款，在纽约海德公园自己的一块地产上建造了一个图书馆，存放他的文件。1943年，他把这个图书馆连同地产一起捐赠给了美国人民。他1939年向联邦政府进行了捐赠，并批准成立国家总统图书馆系统，管理这些资料。罗斯福自己的图书馆1941年完工并奉献给了美国人民，他在纽约的海德公园庆典上说道："奉献图书馆对我来讲是一次基于信念的行为。把过去的资料收集起来保存在建筑物里是为了将来的人们使用，一个国家必须相信三件事：它必须相信过去，它必须相信未来，它必须相信它自己的人民有能力学习过去，在创造自己的未来时获得判断，而这一点是最重要的。"

　　罗斯福总统图书馆是美国建成的第一个总统图书馆，由民间捐款修建在纽约市哈得孙河畔海德公园内。1939年，国会通过一项议案，决定接受罗斯福总统把该图书馆赠送给国家的请求，并划归国家档案馆管理。1955年，国会才正式决定以罗斯福总统图书馆的形式为每一位离任总统修造一个总统图书馆，但规定建造费用应来自民间的自愿捐款，不由政府投资。建成后所有权归联邦政府。由国家档案文件管理局管理。

1978年11月，卡特总统签署了"总统文件法"，规定自1981年1月20日起，所有美国总统文件都成为国家财产，"合众国将保留并持有总统文件的所有、拥有及管理权"，还规定："当总统任期届满，或在任期届满时，国家档案文件局局长即履行保管、管理、保存和请点总统文件的职责"。该法案的出现，标志着美国政府在集中保管公务文件方面迈出了一大步，美国联邦政府的全部公务档案因而实现了集中统一管理。为了履行这一职责，国家档案文件局在白宫派驻了一个工作联络小组，负责执行总统文件的管理安排并促进总统档案文件移交给国家档案文件局。他手中自然累积了大量文件材料。他十分重视和珍爱自己的书信和文件，不但积累了几百万件手稿，还收集了150份世界著名领导人的讲话录音，以及200卷关于这些领导人活动的纪录影片。罗斯福总统图书馆在补充、编目和利用档案文件方面进行了大量的工作。收集起来的全部手稿和印刷文件都进行了系统整理，共分为18类，并且编制了分类目录。馆内也藏有总统家庭成员和同事大的一些文件材料。馆藏量为16227立方英尺（1992年资料），这个图书馆于1946年开放。

罗斯福无疑是一个时代的伟人，但又是一个执著地追求美国现实利益的总统，他的行为方式更多地体现出了实用主义的倾向。正是这种不拘泥于教条理论的务实态度，才使罗斯福在内政和外交方面取得了前所未有的成就。历史学家和政治学家们一致认为，罗斯福与华盛顿和林肯是美国历史上最伟大的三位总统。

无脚飞将军——马列西耶夫

前苏联飞行员、"苏联英雄"、苏联（俄罗斯）老战士和残废军人协会副主席阿列克谢·彼特罗维奇·马列西耶夫。在伟大的卫国战争期间，他曾经在一个歼击航空兵团里服役，击落敌机4架。在1942年4月的一次空战中，其座机被击落，他本人身负重伤。后来他蹒跚、爬行了18昼夜才突出敌后的包围圈，找到自己的部队。返回部队前夕，是普拉弗尼村的村民把他从必死无疑中解救了出来。但他负伤并被冻僵的双脚却发了炎，结果不得不做截肢手术——从小腿部位截掉其双脚。但他伤病痊愈后，却顽强地学会了使用假肢驾驶飞机。在他的坚决要求下，他又重新归队，重新升空，继续同德寇的飞机作战。重新参加空战以后，他又击落敌机7架。他一个人先后升空作战86次，总共击落敌机11架。正是马列西耶夫的爱国主义、顽强精神、钢铁毅力和传奇式的战斗经历，激发了当年作为战地记者的波列沃伊的创作灵感，从而在战后的1946年写出了他的传世之作——小说《真正的人》，第二年又因此荣获了苏联国家奖。

2001年5月18日，莫斯科传来噩耗：前苏军传奇式的飞行员、"苏联英雄"阿列克谢·彼特罗维奇·马列西耶夫，因心脏病发作于当天在莫斯科的一家临床医院里猝然离开了人世。"马列西耶夫"的名字已成为英勇顽强精神的象征，但这个名字是在战胜德国法西斯的第二年——1946年才公之于世的。当时全苏广播电台正在播放苏联著名作家鲍里斯·波列沃伊的中篇小说《真正的人》的部分章节。

马列西耶夫1916年生于俄罗斯伏尔加河畔的卡梅申市。其父参加过第一次世界大战，但死的很早，是母亲培育了阿列克谢等3个子女。中学毕业后，阿列克谢到一所工厂的学徒工学校就读，后来又想进莫斯科航空学院深造。可还没等上航空学院，1934年秋天他就凭共青团的通行证到远东去建设"青年之城"——阿穆尔共青城去了。就在阿穆尔河畔的这座城市里，他加入了航空俱乐部。1937年马列西耶夫应征入伍，在萨哈林岛上一个边防航空支队里服役。不过，当时他还不是飞机驾驶员。但后来，战争爆发前不久，他就以少尉军衔从巴泰斯克空军学校毕了业。从战争爆发之初起马列西耶夫就在西北战线作战。在这段时间里，他击落了4架德军飞机。但在

1942年4月4日，在旧鲁萨地区，他的"雅克—1"战机不幸被德寇的一架"梅塞施米特"型歼击机击落了。幸好树木缓冲了飞机坠地的撞击，他被甩出机舱后落在了雪堆上并失去知觉。用脚站起来的尝试没有成功，原来他的双脚都已经骨折了。马列西耶夫在瓦尔代地区的森林里爬行了18昼夜的经历，因为有波列沃伊的那部小说已经众所周知了。用英雄本人的话来说，作家"在小说里杜撰的成分不多，以致其中99%的情节都是真实的"。普拉弗尼村的居民——村里的几个男孩子发现了他。在野战医院里，他的两条小腿都做了截肢手术。马列西耶夫花了很长时间治伤、学习用假肢走路。他顽强地争取军医委员会批准他飞行，但该委员会拒不准许他重返前线。因此马列西耶夫的精神长期处于极度抑郁的状态，但后来他决心斗争到底。

1943年6月，马列西耶夫归队了，从而获得了"第二次生命"。他在第63近卫歼击航空团里作战。在库尔斯克防御战中，马列西耶夫出色地证明了他不仅能够象原来那样飞行，而且能够击落敌人的飞机。在整个战争期间，马列西耶夫总共完成了100次左右的战斗飞行，共击落德军飞机11架。1943年8月24日，他被授予"苏联英雄"称号。1944—1946年，马列西耶夫在莫斯科特种空军学校担任航空培训的领导工作。战后，尽管人们承认他适合飞行，他升空仍只有两次。战争一结束，马列西耶夫就成为名人，但荣誉并没有改变他什么。接受采访时他仍然说："我不是什么传奇，而是一个活生生的人。"1952年，他从苏共中央高级党校和社会科学院毕业，并通过了历史学副博士答辩。1956年秋天，马列西耶夫当选为苏联老战士委员会责任书记，1983年又当选为该委员会第一副主席。目前这个委员会的名称是俄罗斯老战士委员会。近年来，这位传奇式飞行员的生活并不轻松，因为这位英雄的养老金勉勉强强才达到5000卢布。曾几何时，马列西耶夫曾说过这样的话："肉体陷于窘境，生命并未终结；精神若是萎缩了，生命也就到头了。"

捷克音乐天才——斯美塔那

捷克作曲家、钢琴家和指挥家。贝德叶赫·斯美塔那，被誉为"新捷克音乐之父"，是捷克民族乐派的奠基人。1824年3月2日生于莱托米希尔，1884年5月12日逝于布拉格附近的精神病院，终年60岁。斯美塔那从1863年至1865年间是歌唱协会的指导，1864到1869年捷克爱乐音乐会的指挥，1866年到1874年继卡尔·康扎克后担任捷克过渡剧院的乐队长。1874年斯美塔那病重，并且失聪，这使得他淡出了公众。但失聪并没有让作为作曲家的斯美塔那停下来，他患有严重的耳鸣。临终前不久，精疲力尽的斯美塔那甚至被送到去精神疾病诊所，1884年5月12日他在诊所逝世。他的遗体被安葬在布拉格的威雪德墓园。

他的主要作品有《被出卖的新娘》、《达里波》等近10

部。器乐作品中，标题交响诗套曲《我的祖国》最著名，它像一幅富于诗意的画卷，抒发了对祖国深沉挚爱的感情。这本在立意和结构上均有创作的作品成为后来史诗性交响写作的范本。

1824年3月2日斯梅塔那出生于奥匈帝国波西米亚。他出生在捷克一个小镇的酒坊主家庭，自幼热爱音乐，熟悉民间音乐，喜欢钻研音乐大师作品。8岁创作第一首作品，后从普罗克什学习。后来与舒曼、门德尔松相识。1848年亲身参加反抗异族压迫、推翻封建统治的革命运动。流亡国外期间，仍时刻想着祖国。回国后以领导捷克民族音乐事业为己任，坚持从事音乐社会活动，组织筹建民族剧院，创办"艺术家协会"，举办普及音乐会，亲任指挥，发表音乐评论等等，而且从未停止过创作，尤其是在捷克民族歌剧方面起了开路先锋的作用。1848年在布拉格创建音乐学校，成为李斯特挚友。1856年以前一直在布拉格从事教学和创作活动，他的早期作品深受古典大师们的影响，后来结识了李斯特和柏辽兹，对自己作品的传统风格产生疑问，使他逐步摆脱西欧传统古典音乐的束缚，走上民族音乐的道路。1856年赴瑞典，其后5年间斯美塔那住在国外——其中大部分时间住在瑞典的哥德堡，还担任哥德堡交响乐团指挥，还到德国、丹麦和荷兰等地成功地进行钢琴演奏。这5年间，斯美塔那的创作分两条路线发展：一方面，他继续早年创作钢琴曲的经验，又以充满诗意的捷克波尔卡舞曲形式写出了《回忆捷克》的钢琴套曲；另一方面，他创造性地运用李斯特所的交响诗体裁，写出了《理查三世》、《华伦斯坦的阵营》和《雅尔·哈康》。这三首交响诗中的崇高激情和戏剧性，预示了斯美塔那一些歌剧的风格，它那乐天和欢乐进发的场面，成为他的歌剧《被出卖的新娘》序曲的蓝本，所有这些，也为他后来写出的范作《我的祖国》做好了必要的准备。1861年春，斯美塔那回到布拉格，就此几乎不曾再离开过捷克的首都。他为1862年建立的"临时剧院"接连不断地写作歌剧，包括记述13世纪捷克人民抗击德国封建主这一史实的《勃兰登堡人在捷克》、反映捷克人民乐观精神的《被出卖的新娘》（1866年）、借15世纪末的传奇以强调解放斗争思想的《达里波尔》和描写古捷克明智的女执政官的史诗以歌颂人民的不朽功业的《里布斯》。奥地利被匈牙利击败后，怀着捷克民族主义热情，到布拉格剧院任指挥。他发现捷克战争年代带来的沉闷气氛已消失，一个新的捷克已经诞生，他充满热情地写作，用自己本民族的语言与风格写歌剧，他先后写了10部歌剧都以爱主义主题为主导。1866年完成的《被出卖的新娘》成为斯美塔那的代表作。1874年又写了3部民族题材的歌剧后，突然耳聋。但他仍然写出他的不朽名作交响诗套曲《我的祖国》，其中包括6首乐曲，从各方面歌颂了他的祖国美丽的河山，和祖国的苦难、传奇的过去并展望光辉灿烂的未来，其中《伏尔塔瓦河》一段，更是脍炙人口，家喻户晓，为音乐会上经常演出的曲目之一。交响诗套曲《我的祖国》斯美塔那创作于1874-1879年间。作品共分六个乐章：第一乐章《维谢格拉德》；第二乐章《沃尔塔瓦河》；第三乐章《沙尔卡》；第四乐章《捷克的田野和森林》；第五乐章《塔波尔》；第六乐章《布兰尼克山》，交响诗套曲《我的祖国》是斯美塔那的标题交响音乐的代表作。斯美塔那在继承李斯特首创的单乐章交响诗体裁的前提下，通过统一的构思和主题贯穿的手段，创造性地将6首各自独立的交响诗有机地衔接起来，形成新的"交响诗套曲"结构。他的音乐作品同捷克民间艺术有紧密联系，具有鲜明的民族性格特征并充满了生活气息和乐观的爱国主义的精神，从广阔的角度体现了19世纪后半期在不断高涨的民族解放运动中的捷克人民的精神面貌，传达了当时人民的情感和思想，使他成为捷克当之无愧的"音乐奠基人"。1884年5月12日斯美塔那逝世于布拉格。

在体现音乐的民族性方面，斯美塔那将捷克将民间音乐素养融入在自己的作品中，极少直接采用民歌主题，却处处充满了浓郁的捷克民族音乐的风格及意味。斯美塔那是一位具有强烈爱国精神的作曲家，这种精神明显地体现在他的音乐中。

坚强的小说家——海明威

欧内斯特·海明威美国小说家。一向以文坛硬汉著称,是美利坚民族的精神丰碑,1926年发表成名作《太阳照样升起》,作品表现战后青年人的幻灭感,成为"迷惘的一代"的代表作。海明威生于美国芝加哥市郊橡胶园小镇。1954年(第54届)的诺贝尔文学奖获得者、"新闻体"小说的创始人。被称为"20世纪最伟大的作家之一。"1961年7月2日,蜚声世界文坛的海明威用自己的猎枪结束了自己的生命。整个世界都为此震惊,人们纷纷叹息这位巨人的悲剧。美国人民更是悲悼这位美国重要作家的陨落。

海明威毕业前两个月,美国参加第一次世界大战。卡洛斯·倍克尔写道:"他面临的几条路是上大学、打仗和工作,"海明威选择工作。他左眼有毛病(当初训练拳击的时候意外伤到了左眼，视力下降，从那以后他左眼的视力再也没有恢复过），不适宜去打仗。1917年10月，他开始进堪萨斯市的《星报》当见习记者，这家报纸是美国当时最好的报纸之一。6个月之中，他采访医院和警察局，也从《星报》优秀的编者G·G·威灵顿那里学到了出色的业务知识。海明威在《星报》头一次知道，文体像生活一样必须经过训练。《星报》有名的风格要求单上印道："用短句"，"头一段要短。用生动活泼的语言。正面说，不要反面说。"海明威在相当短的时间内，学会把写新闻的规则化成文学的原则。但是，战争的吸引力对海明威越来越大，他于1918年5月后半月开始这场探险。头两个月，他志愿在意大利当红十字会车队的司机，在前线只呆了一个星期。在这个星期最后一天的下半夜，海明威在意大利东北部皮亚维河边的福萨尔达村，为意大利士兵分发巧克力的时候，被奥地利迫击炮弹片击中。他旁边的一个士兵当场牺牲，就在他前面的另一个士兵受了重伤。他拖着伤兵到后面去的时候，又被机关枪打中了膝部；他们到达掩护所的时候，伤兵已经死去。海明威腿上身上中了两百多片碎弹片，左膝盖被机枪打碎，被迫手术换了一个白金膝盖。他在米兰的医院里住了3个月，动了十几次手术，大多数弹片都取了出来，还有少数弹片至死都保留在他的身上。他受伤的时候，离他19岁生日还差两个星期。

50年代早期，海明威说过："对于作家来说，有战争的经验是难能可贵的。但这种经验太多了，却有危害。"摧残海明威身体的那次炸裂也渗透他脑子里去了，而且影响更长、更深远。一个直接的后果是失眠，黑夜里整夜睡不着觉。5年之后，海明威和他妻子住在巴黎，他不开灯仍然睡不着。在他的作品中，失眠的人处处出现。《太阳照样升起》中的杰克·柏尼斯，《永别了，武器》中的弗瑞德里克·亨利、涅克·阿丹姆斯，《赌徒、修女和无线电》中的弗莱才先生，《乞力马扎罗的雪》中的哈利和《清洁、明亮的地方》中的老年侍者，都患失眠症，害怕黑夜。那个年老的侍者说："这毕竟只是失眠。有这病的人一定不少。"失眠是那种痛苦的并发症的症状，海明威、他的小说主人公和他的同胞都受到折磨。菲利普·扬对海明威的个性作了出色的、合乎情理的心理学分析，提出一个论点，说他这次创伤引起的情绪，非他理性所能控制。海明威晚年反复地、着了魔似地搜索这类似的经验，来驱除那种精神创伤；如果办不到，他就不断地通过创作和思考来再现这个事件，为的是控制它所激起的忧虑。扬明智地指出，海明威最终关心的是艺术，而不是创伤。然而，在局部范围内，扬的个性学说可以把海明威的为人与他的作品统一起来。而且，对于海明威观察战争，对于这位艺术家，这种学说赋予特殊的意义。《永别了，武器》和一些短篇小说出色地描述了战争在社会、感情和道德方面的含义，然而，使他的战争经验"难能可贵"的不止是这番描述：它在他心灵上锻铸出他对人的命运的看法，这几乎影响他所有的作品。迫击炮的碎弹片成了残酷世界破坏力量的比喻，海明威和他的主人公成了寻求生存道路、受伤的人类的象征。他已经差不多准备好，可以把那种生活感受转化为文学作品了。

  海明威每天早晨6点半，便聚精会神地站着写作，一直写到中午12点半，通常一次写作不超过6小时，偶尔延长两小时。他喜欢用铅笔写作，便于修改。有人说他写作时一天用了20支铅笔。他说没这么多，写得最顺手时一天只用了7支铅笔。海明威在埋头创作的同时，每年都要读点莎士比亚的剧作，以及其他著名作家的巨著；此外还精心研究奥地利作曲家莫扎特、西班牙油画家戈雅、法国现代派画家谢赞勒的作品。他说，他向画家学到的东西跟向文学家学到的东西一样多。他特别注意学习音乐作品基调的和谐和旋律的配合。难怪他的小说情景交融，浓淡适宜，语言简洁清新、独创一格。海明威写作态度极其严肃，十分重视作品的修改。他每天开始写作时，先把前一天写的读一遍，写到哪里就改到哪里。全书写完后又从头到尾改一遍；草稿请人家打字誊清后又改一遍；最后清样出来再改一遍。他认为这样三次大修改是写好一本书的必要条件。他的长篇小说《永别了，武器》初稿写了6个月，修改又花了5个月，清样出来后还在改，最后一页一共改了39次才满意。《丧钟为谁而鸣》的创作花了17个月，脱稿后天天都在修改，清样出来后，他连续修改了96个小时，没有离开房间。他主张"去掉废话",把一切华而不实的词句删去。最终取得了成功。

美国作家海明威是一个极具进取精神的硬汉子。他曾尝试吃过蚯蚓、蜥蜴,在墨西哥斗牛场亮过相,闯荡过非洲的原始森林,两次世界大战都上了战场。海明威笔下也塑造了一系列临危不惧、坚强不屈、勇于同厄运作斗争的"硬汉子"主人公形象,没有一个是"颓废"或"自暴自弃"的人物形象。他在《老人与海》这部小说中写下了一句响当当的名言:"人是不能被打败的,你可以把他消灭,但不能打败他!"是的,人是不能被打败的,只要我们心中有目标,有信念。即使过程艰辛,最终也能有所收获。

不朽的聋人发明家——爱迪生

爱迪生 1847 年 2 月 11 日诞生在美国中西部的俄亥俄州的米兰小市镇。父亲是荷兰人的后裔,母亲曾当过小学教师,是苏格兰人的后裔。爱迪生 7 岁时,父亲经营屋瓦生意亏本,将全家搬到密歇根州休伦北郊的格拉蒂奥特堡定居。搬到这里不久,爱迪生就患了猩红热,病了很长时间。爱迪生 8 岁上学,但仅仅读了 3 个月的书,就被老师斥为"低能儿"、"愚钝糊涂"被要求退学。从此以后,他的母亲是他的家庭教师,自己教儿子读书识字。爱迪生对读书有浓厚的兴趣,8 岁时他读了英国文艺复兴时期最重要的剧作家莎士比亚、狄更斯的著作和许多重要的历史书籍,到 9 岁时,他能迅速读懂难度较大的书,如帕克的《自然与实验哲学》。

爱迪生对于自然科学的最早兴趣是在化学方面,10 岁时酷爱化学。他收集了二百来个瓶子，并节省每个小钱去购买化学药品装入瓶中。11岁那年，他实验了他的第一份电报。为了赚钱购买化学药品和设备，他开始了工作。12岁的时候，他获得列车上售报的工作，辗转于休伦港和密歇根州的底特律之间。他一边卖报，一边兼做水果、蔬菜生意，只要有空他就到图书馆看书。1861年美国爆发了南北战争，刚满14周岁的爱迪生买了一架旧印刷机，利用火车的便利条件，办了一份小报——《先驱报》，来传递战况和沿途消息，第一期周刊就是在列车上印刷的。他一人兼任记者、编辑、排字、校对、印刷、发行的工作。小报受到欢迎，他也从紧张的工作中增长了才干、知识和经验，还挣了不少钱，得以继续进行化学试验。他用所挣得的钱在行李车上建立了一个化学实验室。但不幸的是，一次他在火车上做实验时，列车突然颠簸，使一块磷落在木板上，引起燃烧。列车员赶来扑灭了火焰，也狠狠地给了他一个耳光，打聋了他的双耳，他被赶下火车，那时爱迪生才15岁。

挫折并没有使爱迪生灰心，他又迷上了电报，经过反复钻研，在1868年他发明了一台自动电力记录器，这是他的第一个发明。后来他又发明了两种新型的电报机。1877年他发明了碳精电话送话器，使原有的电话声音更为清晰；此外他还发明了留声机。1878年9月爱迪生31岁时开始研究电灯。那时煤气灯已代替煤油灯，但火焰闪烁不定，而且在熄灭时产生有害气体；弧光灯也已发明，并在公共场所使用，但由于燃烧时发出嘶嘶声而且光亮过于耀眼，不宜用于室内。当时许多欧美科学家已在探求制造一种新的稳定的发光体。于是，爱迪生在1877年开始了改革弧光灯的试验，提出了要搞分电流，变弧光灯为白光灯。这项试验要达到满意的程度。必须找到一种能燃烧到白热的物质做灯丝，这种灯丝要经住热度在2000℃ 1千小时以上的燃烧。同时用法要简单，能经受日常使用的击碰，价格要低廉，还要使一个灯的明和灭不影响另外任何一个灯的明和灭，保持每个灯的相对独立性为了选择这种做灯。这在当时是极大胆的设想，需要下极大的功夫去探索，去试验。灯丝用的物质，爱迪生先是用炭化物质做试验，失败后又以金属铂与铱高熔点合金做灯丝试验，还做过上质矿石和矿苗共1600种不同的试验，结果都失败了。但这时他和他的助手们已取得了很大进展，已知道白热灯丝必须密封在一个高度真空玻璃球内，而不易熔掉的道理。这样，他的试验又回到炭质灯丝上来了。他昼夜不息地用到了1880年的上半年，爱迪生的白热灯试验仍无结果。他全副精力在炭化上下功夫，仅植物类的炭化试验就达6000多种。相关的试验笔记簿多达200多本，共计4万余页，先后经过3年的时间。他每天工作十八九个小时。每天清早三四点的时候，他才头枕两三本书，躺在实验用的桌子下面睡觉。有时他一天在凳子上睡三四次，每次只半小时。

到了 1880 年的上半年，爱迪生的白热灯试验仍无结果，就连他的助手也灰心了。有一天，他把试验室里的一把芭蕉扇边上缚着一条竹丝撕成细丝，经炭化后做成一根灯丝，结果这一次比以前做的种种试验都优异，这便是爱迪生最早发明的白热电灯——竹丝电灯。这种竹丝电灯继续了好多年。直到 1908 年发明用钨做灯丝后才代替它。爱迪生在这以后开始研制的碱性蓄电池，困难很大，他的钻研精神，更是十分惊人。这种蓄电池是用来供给原动力的。他和一个精选的助手苦心孤诣地研究了近十年的时间，经历了许许多多的艰辛与失败，一会儿他以为走到目的地了，但一会儿又知道错了。但爱迪生没有动摇，再重新开始。大约经过 5 万次的试验，写成试验笔记 150 多本，方才达到目的。

1931 年 8 月 1 日，爱迪生身感不适，经医生诊断，他同时患有多种病症包括慢性肾炎、尿毒症和糖尿病。1931 年 8 月 4 日《纽约时报》刊登的医疗公报称："爱迪生先生就像在危险丛生的海峡中航行的一条小船，也许能安全通过，也许会触礁。10 月 13 日爱迪生撞上了"暗礁"，并陷入昏迷，于 1931 年 10 月 18 日在美国西奥兰治去世，终年 84 岁，他被埋葬在同一个城市。至今为止还没有人能打破他持有 1093 个发明专利权的记录，人们称他为发明之王。

《美丽心灵》的天才——纳什

约翰·纳什生于 1928 年 6 月 13 日。父亲是电子工程师与教师,第一次世界大战的老兵。纳什小时孤独内向,虽然父母对他照顾有加,但老师认为他不合群不善社交。纳什在上大学时就开始从事纯数学的博弈论研究,1948 年进入普林斯顿大学后更是如鱼得水。他在普林斯顿大学读博士时刚刚 20 出头,但他的一篇关于非合作博弈的博士论文和其他相关文章,确立了他博弈论大师的地位。在 20 世纪 50 年代末,他已是闻名世界的科学家了。 特别是在经济博弈论领域,他做出了划时代的贡献,是继冯·诺依曼之后最伟大的博弈论大师之一。他提出的著名的纳什均衡的概念在非合作博弈理论中起着核心的作用。后续的研究者对博弈论的贡献,都是建立在这一概念之上的。由于纳什均衡的提出和不断完善为博弈论广泛应用于经济学、管理学、社会学、政治学、军事科学等领域奠定了坚实的理论基础。然而，正当他的事业如日中天的时候，30岁的纳什得了严重的精神分裂症。他的妻子艾利西亚——麻省理工学院物理系毕业生，表现出钢铁一般的意志：她挺过了丈夫被禁闭治疗、孤立无援的日子，走过了惟一儿子同样罹患精神分裂症的震惊与哀伤……漫长的半个世纪之后，她的耐心和毅力终于创下了了不起的奇迹：和她的儿子一样，纳什教授渐渐康复，并在1994年获得诺贝尔奖经济学奖。如今，纳什已经基本恢复正常，并重新开始科学研究。他现在是普林斯顿大学数学教授，但已经不再任教。学校经济学系经常会举办有关博弈论的论坛，纳什有时候会参加，但是他几乎从不发言，每次都是静静地来，静静地走。

纳什是一个非常天才的数学家，纳什最重要的理论就是现在广泛出现在经济学教科书上的"纳什均衡"。而"纳什均衡"最著名的一个例子就是"囚徒困境"，大意是：一个案子的两个嫌疑犯被分开审讯，警官分别告诉两个囚犯，如果两人均不招供，将各被判刑一年；如果你招供，而对方不招供，则你将被判刑三个月，而对方将被判刑十年；如果两人均招供，将均被判刑五年。于是，两人同时陷入招供还是不招供的两难处境。两个囚犯符合自己利益的选择是坦白招供，原本对双方都有利的策略不招供从而均被判刑1年就不会出现。这样两人都选择坦白的策略以及因此被判5年的结局被称为"纳什均衡"，也叫非合作均衡。"纳什均衡"是他21岁博士毕业的论文，也奠定了数十年后他获得诺贝尔经济学奖的基础。

那时的纳什"就像天神一样英俊"，1.85米的个子，手指修长、优雅，双手柔软、漂亮，还有一张英国贵族的容貌。他的才华和个人魅力吸引了一个漂亮的女生——艾利西亚，她是当时麻省理工学院物理系仅有的两名女生之一。1957年，他们结婚了。之后漫长的岁月证明，这也许正是纳什一生中比获得诺贝尔奖更重要的事。1958年的秋天，正当艾利西亚半惊半喜地发现自己怀孕时，纳什却为自己的未来满怀心事，越来越不安。系主任马丁已答应在那年冬天给他永久教职，但是纳什却出现了各种稀奇古怪的行为：他担心被征兵入伍而毁了自己的数学创造力，他梦想成立一个世界政府，他认为《纽约时报》上每一个字母都隐含着神秘的意义，而只有他才能读懂其中的寓意。他认为世界上的一切都可以用一个数学公式表达。他给联合国写信，跑到华盛顿给每个国家的大使馆投递信件，要求各国使馆支持他成立世界政府的想法。他迷上了法语，甚至要用法语写数学论文，他认为语言与数学有神秘的关联……

终于，在孩子出生以前，纳什被送进了精神病医院。几年后，因为艾利西亚无法忍受在纳什的阴影下生活，他们离婚了，但是她并没有放弃纳什。离婚以后，艾利西亚再也没有结婚，她依靠自己作为电脑程序员的微薄收入和亲友的接济，继续照料前夫和他们惟一的儿子。她坚持纳什应该留在普林斯顿，因为如果一个人行为古怪，在别的地方会被当作疯子，而在普林斯顿这个广纳天才的地方，人们会充满爱心地想，他可能是一个天才。于是，在上世纪70和80年代，普林斯顿大学的学生和学者们总能在校园里看见一个非常奇特、消瘦而沉默的男人在徘徊，他穿着紫色的拖鞋，偶尔在黑板上写下数字命理学的论题。他们称他为"幽灵"，他们知道这个"幽灵"是一个数学天才，只是突然发疯了。如果有人敢抱怨纳什在附近徘徊使人不自在的话，他会立即受到警告："你这辈子都不可能成为像他那样杰出的数学家！"正当纳什本人处于梦境一般的精神状态时，他的名字开始出现在70年代和80年代的经济学课本、进化生物学论文、政治学专著和数学期刊的各领域中。他的名字已经成为经济学或数学的一个名词，如"纳什均衡"、"纳什谈判解"、"纳什程序"、"德乔治-纳什结果"、"纳什嵌入"和"纳什破裂"等。纳什的博弈理论越来越有影响力，但他本人却默默无闻。大部分曾经运用过他的理论的年轻数学家和经济学家都根据他的论文发表日期，想当然地以为他已经去世。即使一些人知道纳什还活着，但由于他特殊的病症和状态，他们也把纳什当成了一个行将就木的废人。

有人说，站在金字塔尖上的科学家都有一个异常孤独的大脑，纳什发疯是因为他太孤独了。但是，纳什在发疯之后却并不孤独，他的妻子、朋友和同事们没有抛弃他，而是不遗余力地帮助他，挽救他，试图把他拉出疾病的深渊。尽管纳什决心辞去麻省理工学院教授的职位，但他的同事和上司们还是设法为他保全了保险。他的同事听说他被关进了精神病医院后，给当时美国著名的精神病学专家打电话说："为了国家利益，必须竭尽所能将纳什教授复原为那个富有创造精神的人。"越来越多的人聚集到纳什的身边，他们设立了一个资助纳什治疗的基金，并在美国数学会发起一个募捐活动。基金的设立人写到："如果在帮助纳什返回数学领域方面有什么事情可以做，哪怕是在一个很小的范围，不仅对他，而且对数学都很有好处。"对于普林斯顿大学为他做的一切，纳什在清醒后表示，"我在这里得到庇护，因此没有变得无家可归。"守得云开见月明，妻子和朋友的关爱终于得到了回报。80年代末的一个清晨，当普里斯顿高等研究院的戴森教授像平常一样向纳什道早安时，纳什回答说："我看见你的女儿今天又上了电视。"从来没有听到过纳什说话的戴森仍然记得当时的震惊之情，他说："我觉得最奇妙的还是这个缓慢的苏醒，渐渐地他就越来越清醒，还没有任何人曾经像他这样清醒过来。"纳什渐渐康复，从疯癫中苏醒，而他的苏醒似乎是为了迎接他生命中的一件大事：荣获诺贝尔经济学奖。当1994年瑞典国王宣布年度诺贝尔经济学奖的获得者是约翰·纳什时，数学圈里的许多人惊叹的是：原来纳什还活着。2001年，经过几十年风风雨雨的艾利西亚与约翰·纳什复婚了。事实上，在漫长的岁月里，艾利西亚在心灵上从来没有离开过纳什。这个伟大的女性用一生与命运进行博弈，她终于取得了胜利。而纳什，也在得与失的博弈中取得了均衡。

2005年6月1日晚，诺贝尔北京论坛在故宫东侧菖蒲河公园内的东苑戏楼闭幕。热闹的晚宴结束后，纳什没有搭乘主办方安排的专车，而是一个人夹着文件夹走出了东苑戏楼。他像一个普通老人一样步行穿过菖蒲河公园，然后绕到南河沿大街路西的人行横道上等待红绿灯。绿灯亮起，老人踽踽独行的背影在暮色中渐行渐远，终于消失不见。

留下了大量科普文献的科学家——高士其

高士其，福建福州人。中国共产党员。原名高仕锜。1925年毕业于清华大学，正当他准备报考化学系研究生之际，他风华正茂的姐姐突然被病魔夺去了宝贵的生命，于是他毅然转入芝加哥大学医学研究院攻读细菌学，立志为拯救劳苦大众与病魔作斗争。一次在研究脑炎病毒的过程中，他不幸被病毒感染了，从此留下了终生不治的残疾。但他没有被病魔所吓倒，带着重病的身体坚持读完了医学研究院的博士课程。

1930年，高士其特意从纽约乘上一艘德国邮轮，绕道欧亚十几个国家回国，一路上的所见所闻，使他的眼界大为开阔，同时也更深刻地体验到祖国与发达国家的差距，以及他们那一代学人的历史使命。回国后，他的家人、亲友和同学、老师都劝他先把病治好再工作，他目睹各地疫病流行，甚为猖獗，每天都要残杀数以百计的人，回应说："我怎能袖手傍观，独自养病？"不久，就在一位留美同学的关照下，高士其应聘到南京中央医院工作，担任检验科主任。可是，高士其目睹旧医院的腐败黑暗，连买一台能用的显微镜都不给解决，就愤然辞职了。弃职后的高士其，变成了一个失业者。但他又不愿回到父亲家里，怕父母见到他病成那个样子伤心，就来到上海，住在他在美国留学时结识的好友李公朴的家里，以翻译、写作和当家教为生。这时，陈望道主编的《太白》杂志刚刚创刊不久。一天，他在这个杂志上看到一个新鲜的栏目："科学小品"，和一篇论述科学小品的文章，就好奇地翻看了起来，这一看就把他吸引住了。特别是一篇周建人写的《讲狗》的文章，把旧社会的"走狗"刻画得淋漓尽致，入木三分，骂得真是痛快。高士其觉得用这种轻松愉快的文学笔调，撰写一些浅显易懂、富有情趣的科学短文，既能向人民大众传播一些科学思想和科学知识，又能针砭时弊，唤起民众，与反动派作斗争，是科学与文学结合推动社会进步的一种好形式。于是也拿起笔来撰写科学小品，一气发表了《细菌的衣食住行》、《我们的抗敌英雄》、《虎烈拉》（霍乱），三篇文章，并把自己的名字改成了高士其。用意是去掉人旁不做官，去掉金旁不要钱。从此，走上了艰辛的科普创作道路。高士其的文章熔科学、文学与政论为一体，夹叙夹议，既通俗浅显，又生动形象，并富有见地，别具一格。因此，文章一发表，就受到文化界和读者的重视与欢迎，许多报刊都前来约稿。这时他写字手已发抖，一个字要一笔一划地写半天，一天只能写几百个字到千把字。居住的条件也很差，夏天又闷又热，但他仍夜以继日地坚持写作。在短短两年多时间里，发表了近百篇科学小品。他的代表作《菌儿自传》以及脍炙人口的《人生七期》、《人身三流》、《细胞的不死精神》、《病的面面观》、《霍乱先生访问记》、《伤寒先生的傀儡戏》、《寄给肺结核病贫苦大众的一封信》、《听打花鼓的姑娘谈蚊子》、《鼠疫来了》、《床上的土劣》等等都是在这一时期创作的，并很快被一些出版社集结为《我们的抗敌英雄》、《细菌与人》、《抗战与防疫》等科学小品集出版。

高士其是第一个投奔延安参加革命的留美科学家，又是一位在上海已崭露头角的文化人——科学小品作家。因此，受到了毛泽东、周恩来、朱德、陈云等领导人的格外关注和欢迎，被安排在陕北公学担任教员，并派了一名红军战士担任他的护士兼秘书。党的关怀和照顾，使高士其的革命积极性更为高涨，他除了认真做好本职工作之外，还满腔热情地主动积极参加了延安的各种抗日救亡活动，写出了一篇又一篇讴歌和介绍边区抗日活动的诗篇和文章，并在1938年2月与董纯才、陈康白、李世俊等20多位研究科学的青年聚会，发起成立了延安的第一个科学技术团体："边区国防科学社"。后来，由于高士其的病情不断加重，延安的药品供应又极其困难，他从上海带来的一种特效药亦已服完，党组织毅然决定，不惜代价，送高士其到香港治病。这样，他又在党组织的护送下，于1939年4月恋恋不舍地告别了革命圣地延安，前往香港。

1941年12月，太平洋战争突然爆发，枪声、炮声、警报声，此起彼伏，九龙与香港的居民纷纷逃离，社会秩序一片混乱，香港到九龙的交通也断绝了，地下党组织与高士其失去联系，高士其一人病倒在床上，已两三天没吃东西，幸被一位留下来的邻居老太太发现，每天烧点稀饭喂他，才没有被饿死。九龙与香港在不到半个月的时间里，相继被日军占领后，地下党组织委派的黄秋耘同志才得以从香港到九龙，找到了他，发现他还奇迹般地活着，真是喜出望外。以后黄秋耘同志又经过千难万险，机智地突破了日军的重重检查，把他从香港转移到广州，从广州又转移到桂林，交给广西的地下党组织负责照顾。在桂林他过了一段较为安定的生活，病情也有所好转，根据他的请求和特长，党组织安排他担任了东南盟军服务处技术顾问兼食品研究所所长。他通过参观当地的一些著名酿造工厂，并运用他的微生物学知识，很快地就利用当地的普通植物原料研制出几种美味的营养食品，供应前线，并在工作之余与著名诗人柳亚子探讨了一些诗歌创作问题，还在当地报刊上发表了一些科学小品，进行了一种名为"科学字母"的拼音法研究和逻辑学研究。但好景不长，日本帝国主义的飞机就开始轰炸桂林，在桂林撤退的一片混乱中，"自愿前来"照顾高士其的李小姐，又趁机席卷而逃，连一顶防蚊的帐子都没给他留下，并把他反锁在房间里。等高士其发现情况不对，已求救无门，又没有东西可吃，饿得两眼发黑，夜里成群的蚊子更是把他叮得浑身是包，多灾多难的高士其再一次陷入了困境。幸好地下党组织委派的经常去看望高士其的青年作家马宁，不放心高士其是不是已经撤离，就特地前去看看。这一看才发现高士其被锁在房间里，才把他救了出来。之后，高士其就被安置在昭平县一个依山傍水的小镇——黄姚，并得到一位从上海逃到广西的革命同志——周行先一家的照顾，过了一段边养病、边写作、边研究的平静生活，直到日本投降。

新中国成立后，高士其历任中央人民政府文化部科学普及局顾问，中华全国科学技术普及协会顾问，中国科学技术协会常委、顾问，中国科普创作协会名誉会长，中国科普创作研究所名誉所长等职，并担任过中国微生物学会理事，中国作家协会理事、顾问，中国文联全国委员会委员，中国残疾人福利基金会理事，中国人民保卫儿童委员会委员，第一至第六届全国人民代表大会代表。他为繁荣我国的科普创作，特别是科学文艺创作，组建和壮大科普队伍，倡导科普理论研究，建设和发展科普事业，广泛深入地开展科普活动，特别是青少年科技爱好者活动，以及恢复和振兴科协做出了重大贡献。

轮椅上的提琴家——帕尔曼

帕尔曼是当今世界上最引人注目的小提琴家。他生于以色列的特拉维夫，5岁开始学琴，1958年，13岁的帕尔曼被选送到美国电视台演出，随后即移居美国。由于帕尔曼在4岁时患小儿麻痹症，成为终身残疾，因而无法站立演奏，但他却以超常的毅力，克服困难，最终成为世界级小提琴大师。帕尔曼移居美国不久，就受到著名小提琴家斯特恩的赏识，获得"以美基金会"奖学金，进入美国著名的朱丽亚音乐学院，师从伊凡·加拉米安和多罗西·狄雷教授学琴。1964年，帕尔曼在美国列文垂特国际小提琴比赛中获一等奖，被人称作"小提琴王子"。帕尔曼演奏的最大特点，是把浪漫主义的热情洒脱和古典主义的和谐均衡完美地结合在一起。他能驾驭各种音乐风格的作品，并试图用不同的音乐来表达不同的音乐内容。帕尔曼有一双令人羡慕的大手，但手指却十分伶俐，他的运弓饱满且极富倾诉力，他十分注意声音的歌唱性，其松弛的演奏，带给人们的是情感的波动，人们从他的演奏中感受到了力和美。帕尔曼擅长演奏帕格尼尼、维尼亚夫斯基、巴赫等人的作品，尽管他那炉火纯青的演奏技巧，面对那些炫技性的段落完全驾轻就熟，但他对乐曲合乎逻辑的处理，和对音乐的深刻理解才是他演奏成功的基石。

1964年3月，在世界著名的爱德加·列文垂特国际小提琴比赛上，一位坐在轮椅上演奏的年轻人——19岁的伊扎克·帕尔曼，以其精湛的技艺获得了最高奖，被人们称作"小提琴王子"。虽然帕尔曼4岁时因患小儿麻痹症而不能行走，成为终身残疾。然而帕尔曼没有向命运低头，他以顽强的毅力学习小提琴。他相信"上帝只帮助那些自助的人"。1958年，13岁的帕尔曼被美国电视台选中，不久移居美国，受到著名小提琴家思特恩的赏识，并得到"以美基金会"的奖学金，进入美国著名的音乐学府——朱丽亚特音乐学院深造，从师于加拉米安和多罗西·狄雷。简直无法想象，一个普通的、甚至受人歧视的残疾人，每年都要在世界各地举办一百多场音乐会。帕尔曼在小提琴演奏方面是位难得的全能演奏家。精湛的技巧，丰富的情感，以及绝高的悟性使他在演奏不同时期不同作曲家的作品时都能做到游刃有余。古典主义的严谨性和浪漫主义的热情不羁被他揉捏得恰到好处。帕尔曼是当代世界十大小提琴家之一。然而，他时刻没有忘记自己是一个残疾人。他用自己的钱，在纽约和哈瓦那等地筹建残疾儿童医院，为残疾人事业做出了贡献。他是"美国国际残疾人善后组织"成员。有一次，一位残疾妇女见到他感慨地说："见到你没有自暴自弃，我太羡慕你了。"帕尔曼却幽默地回答说："太太，我的'麻痹症'仅仅是在腿上。"

帕尔曼有一双灵活的大手，可以在提琴上任意随行，他耳音极好。帕尔曼虽然因患小儿麻痹症下肢瘫痪，所以只能坐着演奏，但这并没有影响他灵活的双手创造无以伦比的天音，他的演奏音色丰富，风格独特，对音乐有着他自己独到的理解。作为无可争辩的顶级小提琴演奏家，帕尔曼享有着绝无仅有的"超级明星"的殊荣。人们不仅热爱他的音乐天才，更热爱他的魅力、他的人性。全世界的观众对帕尔曼的肯定，也不仅仅在于他无懈可击的演奏技巧，更多的是因为通过音乐的沟通，帕尔曼带给人们的欢乐。帕尔曼与SONY公司制作的最新的专集《古典的帕尔曼：狂想》，同他录制的室内乐、交响乐和电影主题音乐一样，获得了小提琴家录制唱片的最好销量。在1964年，帕尔曼获得了莱文特里特比赛的殊荣，并就此开始了他在全世界范围的音乐生涯。自此，在世界各地，帕尔曼在各种不同的音乐会、艺术节上同世界上所有著名的交响乐团合作演出。1987年，帕尔曼加入以色列爱乐乐团，并对布达佩斯和华沙进行了历史性的访问，这是以色列爱乐和帕尔曼本人对东欧社会主义国家的首次访问演出。还是同以色列爱乐合作，1990年，帕尔曼完成了对前苏联的访问演出，演出在莫斯科和列宁格勒获得了空前的成功。1994年帕尔曼又同以色列爱乐一起访问了中国和印度。帕尔曼访问前苏联时，参加了在列宁格勒举行的纪念柴可夫斯基诞辰150周年的音乐会演出，在特米尔卡诺夫的指挥下，帕尔曼同马友友、杰茜·诺尔曼一起与列宁格勒爱乐乐团一起演出，该场演出在欧洲进行了实况转播，后来在世界范围内进行了重播，并出版了家庭录影带。同样的，1993年，帕尔曼连同马友友、冯·施塔德、费尔库斯尼一起同小泽征尔指挥的波士顿交响乐团，参加了在捷克的首都布拉格举办的纪念伟大德沃夏克的GALA音乐会，该音乐会也进行了全球的转播，并发行了音像制品。

帕尔曼的唱片一直身居"销量最高排行"之列，他已经获得了4次获得了艾米大奖，15次格莱美大奖。在SONY古典的麾下，帕尔曼录音制品的曲目范围广泛，并且同许多著名的艺术家合作过，比如：伊萨克·斯特恩、吉他演奏家约翰·威廉斯、波伦波伊姆、指挥家祖宾·梅塔、小泽征尔、朱丽亚特弦乐四重奏等。帕尔曼最近的录音包括两张通俗的电影音乐专集《电影小夜曲》和《电影小夜曲2：金色时代》，都是由5次奥斯卡最佳音乐得主约翰·威廉斯指挥，都是在布拉格进行的录制。帕尔曼还出现在指挥台上，他的指挥更让他的乐迷们兴奋激动。同时作为指挥家和独奏家，帕尔曼已经同芝加哥交响乐团、费城交响乐团、达拉斯交响乐团、底特律交响乐团、休斯顿交响乐团、匹兹堡交响乐团、西雅图交响乐团、多伦多交响乐团，在拉维尼亚艺术节、莫扎特艺术节演出，并同圣包罗室内乐团、纽约室内乐团、以色列爱乐乐团等进行过合作。2000年1月，他被任命为底特律交响乐团的首席客座指挥，并从2001年9月开始上。

众多的媒体和研究机构对帕尔曼备加关注，因为他在艺术成就和我们所处的这个时代的人文精神中占据的重要地位。1980年4月《新闻周刊》把他作为封面人物故事进行报道，1981年，《美国音乐杂志》在它的《音乐与音乐家目录》中，把帕尔曼作为年度最佳音乐家刊发在该杂志的封面上。包括美国的哈佛大学、耶鲁大学等在内的著名大学相继授予帕尔曼荣誉学位。1986年，美国总统理根想帕尔曼授予"自由勋章"，2000年，美国总统克林顿向帕尔曼颁发了"国家艺术勋章"。

在帕尔曼引以自豪的成就中，有一项是与著名的电影音乐作曲家约翰·威廉斯合作，在著名电影导演斯皮尔博格导演的影片《辛德勒的名单》中，担任音乐的独奏部分，该片和该片的音乐同时获得了奥斯卡奖项。

印象派巨匠——梵高

梵高，后期印象画派代表人物，是19世纪人类最杰出的艺术家之一。他热爱生活，但在生活中屡遭挫折，艰辛倍尝。他献身艺术，大胆创新，在广泛学习前辈画家伦勃朗等人的基础上，吸收印象派画家在色彩方面的经验，并受到东方艺术，特别是日本版画的影响，形成了自己独特的艺术风格，创作出许多洋溢着生活激情、富于人道主义精神的作品，表现了他心中的苦闷、哀伤、同情和希望，至今享誉世界。

梵高出生在荷兰一个乡村牧师家庭。他是后印象派的三大巨匠之一。梵高年轻时在画店里当店员，这算是他最早受的"艺术教育"。后来到巴黎，和印象派画家相交，在色彩方面受到启发和熏陶。以此，人们称他为"后印象派"。但比印象派画家更彻底地学习了东方艺术中线条的表现力,他很欣赏日本葛饰北斋的"浮世绘"。而在西方画家中,从精神上给他更大的影响的则是伦勃郎、杜米埃和米莱。梵高生性善良,同情穷人,早年为了"抚慰世上一切不幸的人",他曾自费到一个矿区里去当过教士,跟矿工一样吃最差的伙食,一起睡在地板上。矿坑爆炸时,他曾冒死救出一个重伤的矿工。他的这种过分认真的牺牲精神引起了教会的不安,终于把他撤了职。这样,他才又回到绘画事业上来,受到他的表兄以及当时荷兰一些画家短时间的指导,并与巴黎新起的画家们(包括印象派画家)建立了友谊。梵高与高更曾经是志同道合的好友,但造化弄人,他们两人决没有想到以后的相处是那么困难。1888年春,梵高为寻找创作灵感,移居到法国南的阿尔勒,而法国画家高更也于十月应邀前往与梵高共同作画。两位大师对艺术有着不同的见解,一般人会认为,这样很好,可以交流学习,可是他们不一样。两个人几乎从一开始就陷入了激烈的争吵。在性格方面,梵高有着癫痫病人所特有的偏执,而高更则有着超乎常人的冷酷。这使得争吵变得无法调和。高更离开布列塔尼本来就有几分不情愿,见这般光景,遂萌生去意。这让梵高的精神更加紧张。因为他知道,如果高更走了,他建立"南方画室"的梦想就将破灭。一次他们为了一副画争吵得很凶,梵高拿出枪射向了昔日好友高更的身上,高更带着受伤的身体离开了……

梵高全部杰出的、富有独创性的作品，都是在他生命最后的六年中完成的。他最初的作品，情调常是低沉的。可是后来，他大量的作品即一变低沉而为响亮和明朗，好像要用欢快的歌声来慰藉人世的苦难，以表达他强烈的理想和希望。一位英国评论家说："他用全部精力追求了一件世界上最简单、最普通的东西，这就是太阳。"他的画面上不单充满了阳光下的鲜艳色彩，而且不止一次地下面去描绘令人逼视的太阳本身，并且多次描绘向日葵。为了纪念他去世的表兄莫夫，他画了一幅阳光下《盛开的桃花》，并题写诗句说："只要活人还活着，死去的人总还是活着。"

在历史的角度来讲，梵高的确是非常超前的画家。他作品中所包含着深刻的悲剧意识，其强烈的个性和在形式上的独特追求，远远走在时代的前面，的确难以被当时的人们所接受。他以环境来抓住对象，他重新改变现实，以达到实实在在的真实，促成了表现主义的诞生。在人们对他的误解最深的时候，正是他对自己的创作最有信心的时候。因此才留下了永远的艺术著作。他直接影响了法国的野兽主义，德国的表现主义，以至于20世纪初出现的抒情抽象肖像。《向日葵》就是在阳光明媚灿烂的法国南部所作的。画家像闪烁着熊熊的火焰，满怀炽热的激情令运动感的和仿佛旋转不停的笔触是那样粗厚有力，色彩的对比也是单纯强烈的。然而，在这种粗厚和单纯中却又充满了智慧和灵气。观者在观看此画时，无不为那激动人心的画面效果而感动，心灵为之震颤，激情也喷薄而出，无不跃跃欲试，共同融入到梵高丰富的主观感情中去。总之，梵高笔下的向日葵不仅仅是植物，也是带有原始冲动和热情的生命体。

聋人手语主持人——姜馨田

姜馨田，一个生活在无声世界却依然将人生演绎得精彩纷呈的美丽女孩，她担任了残疾人艺术团手语主持人、2008年北京残奥会的取火使者，以及获得过许多其他殊荣。她并且受到了国家主席胡锦涛的赞美："你的手语非常美……"姜馨田就是这样一个热情、开朗的女孩。

1984年，3个月大的姜馨田被抗生素夺去了听力。咿呀学语时，她的母亲赵琳几乎用了半年的时间，才教会了她发"啊"这个音。在那些近乎绝望的日子里，姜馨田的母亲甚至有过抱着她去跳海的念头。2002年7月，第12届青岛啤酒节模特大赛。还在上初中的姜馨田打着手语，希望妈妈能同意她参加选美大赛。结果遭到了妈妈的反对，但在小馨田的强烈要求下只得应允了。第二天，姜馨田拉着同班同学乘公交车到中山路上买了一双8分高跟的皮鞋,又到理发店做了头发——那是她第一次参加选美活动,她获得了"爱心天使"的称号。

自从在选美比赛上一举成功,姜馨田的生活就发生了许多变化。她被邀请在各种艺术节、文艺晚会上参加演出。看过姜馨田演出的观众也许终身难忘那感人的一幕——由于舞台上的姜馨田听不到音乐,所以导演只能将一束聚光灯打在台下的姜馨田母亲赵琳身上以此来得知音乐的节奏。台上的姜馨田尽情地舞蹈,没有人能看出她的每一个动作都是在母亲的指挥下完成的。姜馨田像一个木偶,用"视线"与母亲相连,被母亲引领着。台下的赵琳用肢体语言向台上的女儿"讲叙"音乐的进程。她全身心地投入,她用身体为女儿伴奏。她也是舞者,一个另类的舞者。许多观众为这幕感动落泪。这伟大而智慧的母爱创造出了美丽的奇迹。

过去,中国残疾人艺术团的主持人都由手语老师王晶担任。主持人不仅要有端庄的外表,还需要优美娴熟地掌握手语。最重要的是一定要伴随着音乐和解说词打手语,由于解说词和音乐都是提前录好的,如果不能做到声音和手语的同步,就会影响整个演出的质量。久而久之,一个想法出现在王晶脑海中——除了她这个主持人,整台演出都是由残疾人来完成的,为什么不找位聋哑人来代替自己做主持人呢?王晶的想法得到了残联领导的支持,曾经跟姜馨田的几次接触,使王晶认定她是最合适的人选。就这样,王晶把电话打到了青岛市残联，把姜馨田调进了艺术团。

王晶用"魔鬼式训练"来形容姜馨田在胜任手语主持人之前的那段经历。"在很短的时间内就要上台，我必须严格要求她。在节拍训练上磨合了很长时间，她必须记住语速的节奏、画外音之间的空拍，仅这些就练习了整两个月。有时馨田说，王老师我累了想睡觉，我说不行，必须练。看她实在太累，我就说那你回房间睡一会儿吧，她说不，我就在椅子上躺一会，然后把两个椅子并在一起，躺了20分钟后，继续练……"王晶还谈起一次对姜馨田发脾气的事——春晚前夕，馨田在家复习功课，准备考试，由于没时间练功，一下子胖了近10斤。回来后，过去的演出服已经穿不进去了。看到这种情况，王晶急了，她责备姜馨田："为什么不训练？必须减肥，每天不许吃饭，只吃蔬菜、水果，其他任何东西都不能吃！"10天时间，馨田瘦了6斤……"减肥期间，我让她穿着减肥的衣服在地上滚，不许停下来，我对她说，你代表着中国六千万残疾人，你必须得减下来，她特别理解……"说着，王晶眼里闪动着泪光。回忆起那段"魔鬼式训练"的日子，姜馨田说残疾人艺术团是自己真正的舞台，在这里，她能用她的艺术语言回报所有关爱她的人。

容貌清丽脱俗，舞姿摇曳动人。即使是在2003环球小姐大赛中国赛区总决赛这样的大场景面前，既听不见声音、也不能开口言语的山东省青岛市高二女生姜馨田仍然显得优雅自信，引人注目。最终，身高1.75米的她获得了"最佳媒体关注奖"和组委会专门为她设立的"特别荣誉奖"。拥有52年历史的"环球小姐大赛"是享誉全球的三大美丽赛事之一。作为此项赛事52年来的第一位聋哑选手，姜馨田从一开始就显得与众不同：在大赛的"才艺表演"这个项目环节上，别人可以或随音乐翩翩起舞，或依旋律引吭高歌，而在出生3个月时即因打肺炎抗生素针导致聋哑的姜馨田却只能看着台下母亲的手势，进行舞蹈《千手观音》的表演；在"才智问答"环节，别的选手可以凭敏锐的听力、上佳的口才做出机智的回答，而姜馨田只能靠书写板，用笔作答；在别的选手之间可以兴奋得天南地北地交流时，姜馨田只能面含微笑地默立一边。

然而，她成功了！在有2000多人报名参赛的整个赛事当中，她依靠自身的优越条件和始终如一的自信发挥，一路过关进入了中国赛区的总决赛。在总决赛中，她依然心态平静，晚装、泳装表演大方得体、笑靥如花，舞蹈表演节拍准确、优雅动人，回答问题则沉着冷静、无懈可击。当大赛结果公布、观众掌声如潮水般响起时，台下姜馨田的母亲早已泪水四溢。"她是进入总决赛的所有选手中年龄最小的，身体又有残疾，我很替她担心。"在事后举行的记者招待会上，姜馨田的母亲哽咽着说，"可最后的结果太让我激动了！馨田的表现，为全国6000万残疾人争了光，同时也是对我自己多年辛苦的最好的安慰。""这种荣誉是空前的。""环球小姐"中国总部总裁高祖权先生说,"姜馨田是以自己的自信、美丽、乐观、健康而赢得这一荣誉的,这是大赛52年历史上的第一次,也是中国所有女性的荣光!"

盲童教育家——徐白仑

1955年,风华正茂的徐白仑以优异成绩毕业于南京工学院,成为新中国培养出来的第一代建筑师。当时,正赶上我国第一个五年计划。刚被分配到北京市建筑设计研究院工作的徐白仑,看着荒原上崛起的一个个新城市,在新城市中崛起的一座座住宅、工厂,他像当时所有的年轻人一样感到幸福、振奋。1957年,他的父亲、著名报人、原上海《文汇报》总编辑徐铸成被姚文元点名批判,一夜之间成为右派分子,但是,这未能动摇他的美好信念。谁料,到了"文革"浩劫中期,一件意想不到的事情将他残酷地抛下了黑洞洞的无底深渊。

1971年,徐白仑忽然被指派去搞一个重要的军事建筑——潜望镜工厂设计。作为正在接受"思想改造"的大右派的儿子,他真是受宠若惊。于是,在白天拼命地开会之后,他便在夜间拼命地加班。不久，他那高度近视的眼睛终于不堪重负，视网膜脱落了，住进了一家著名的眼科医院。医院此刻也在"大破大立"。为徐白仑主刀的医生晚上写检查，白天做手术，再加上当时视网膜复明手术用的是电烙，而发电厂也在"抓革命，促生产"，电压忽高忽低，因此，最终导致了一场可怕的医疗事故。手术后的第7天晚上，徐白仑的眼底突然大出血，一夜醒来，他失明了。

首先向他袭来的是肉体上的痛苦，到处是黑暗，无边无际的黑暗，无处可藏的黑暗，他俨然像一头失足掉入陷阱的野兽，拼命挣扎，却又无济于事。他变得烦躁、狂暴，多少次在睡梦当中，他突然把上衣脱掉，恨不能把胸膛撕裂，好让灵魂从躯体里挣脱出去，好逃避这使人窒息、让人疯狂的黑暗！经过一年时间的住院抢救，只有左眼勉强保住了0.02的微弱视力。每当他影影绰绰看见耸立的脚手架，听见工地的嘈杂声，他便感到一阵揪心的痛楚。徐白仑知道，以后自己再也不能把心中的智慧，变成一幢幢高大美丽的建筑物了。他常常失神地站在窗前，一遍一遍抚摸自己拿惯画笔的右手，仿佛在痛悼一个过早夭折的孩子。

徐白仑的妻子朱益陶在中科院动物研究所工作。她温柔贤惠，又非常娇弱，先前总是像小鸟一样依偎在丈夫身旁，但当丈夫遭遇不幸后，她却陡然变得勇敢和坚强起来。她劝他："白仑，别难过，我的眼睛就是你的眼睛！"轻轻的话语，似大海，似蓝天，给他极度痛苦的心里播下了绿的种子、生的希望。从此，朱益陶成为了家庭的顶梁柱，成了徐白仑生活中的"盲杖"。待情绪稍微稳定下来时，徐白仑想起了《钢铁是怎样炼成的》和《把一切献给党》两本书，继而想到了作者，也是书中主人公的生活原型奥斯特洛夫斯基和吴运铎。在妻子的鼓励帮助之下，他决心向英雄和革命前辈学习，改行从事写作，为人们提供精神食粮。

他请人做了一块有格子的木板，把纸插在里面，摸着格子写。这样，字的行距不会错，但常常几个字叠在一起。但不管怎么困难，他还是日复一日地埋头写呀写。小说、童话、故事，不断地在他的笔下诞生，不断地寄出去。然而，他本来是搞建筑的，半路从文谈何容易，在长达数年的时间内，他始终未能发表一篇作品。无数次投稿，无数次失败。当妻子接到那一封封退稿信时，便悄悄地藏起来，然后自己一个人偷偷地哭。可她还是一个劲儿地鼓励丈夫不要灰心，总会有成功的那一天。

1983年，徐白仑的中篇科幻小说《午夜怪兽》发表了。接着，其他作品也相继问世，有的还被收入了现当代作品选。这一年，他光荣地加入了中国共产党；妻子不断有新的论文发表，被评为副研究员；儿子考入重点中学；父亲的右派问题得到了纠正。苦尽甘来，徐白仑终于露出了笑脸。然而，好景不长，妻子因多年的劳累和忧伤耗尽心血，患了晚期肺癌，倒在了她的工作岗位上。8个月后,与他相依为命的爱妻便溘然辞世了。

切肤裂骨的痛苦,魂萦梦回的思念,使他整整哭了一年。"二十七年情似海,一十三载苦相思;地久天长终成梦,夜夜泣血盼魂归。"徐白仑迷茫、惆怅、彷徨,他又一次想到了死。

就在此时,北京市建筑设计研究院的党委书记王玉玺前来探望,耐心地劝导他说:"你虽经历了一个盲人的种种痛苦,但你并不是最苦的,那些生来就没有见过光明的盲孩子,他们的一生会比你艰难得多,他们多需要有人去关心和帮助!你是个盲人,对他们的心理最了解,你能不能考虑今后为盲人做些什么事?"一席温暖的话语,顿时在徐白仑的心中激起一串涟漪。经过几天的左思右想,他又重新振作起来,决心从自己搞儿童文学的长处入手,创办一本盲文儿童读物。为给盲孩子办刊,他在1984年初专程到上海盲校,学习盲文。校领导被他的精神所感动,派最优秀的老师教他。他还利用一切时间调查研究,掌握了盲童教育的第一手资料,并结识了文学界和出版社的一些朋友。翌年4月,他回到北京着手筹办《中国盲童文学》杂志。为了取得办刊经费,徐白仑顶着烈日,冒着大雨,拄着一根拐棍,在大街上磕磕绊绊地奔走。可是,对于一个失明了14年且从未出过远门的盲人来说,北京的大街小巷实在太陌生了。在这段时间里,他常常因找错了车站,看不清车牌而迷路。烈日炎炎,他怕找不到公共厕所而不敢喝水;暴雨突降，他因为看不清道路怕走到马路中间遭遇车祸，而在暴雨中不敢迈步。他的腿经常伤痕累累，他撞破过脑袋，摔掉过门牙，在军博地铁站内还险些被挤下站台丧命。在奔波中，徐白仑不得不向人详细诉说自己从前的不幸，一次次抠开心头尚未愈合的伤疤。多少次，他披星戴月，早出晚归，两腿累得酸痛麻木，却一无所获，甚至遇到了别人的白眼和冷嘲热讽，夜里，他忍不住号啕痛哭……精诚所至，金石为开。1985年夏，宋庆龄基金会在吴全衡老人的推荐下率先捐款4000元，紧接着，中国残疾人福利基金会、中国作家协会北京分会、北京建筑设计院等单位，纷纷解囊相助，共筹集办刊费2万元。同时，当时的民政部部长崔乃夫派人专程登门看望，愿作刊物的主办单位；刘伯承元帅命儿子代笔给刊物题词；叶圣陶、巴金、冰心等著名作家写信或亲自接见他，勉励他并寄予厚望；全国政协副主席费孝通和夏衍主动为徐白仑集资作保人。北京大学附中、中科院化学研究所、北京印刷学院提供无偿援助他；经主管副市长批准，北京电话局还为他免费安装了电话。6000多封捐款信飞落在徐白仑的案头，不少小朋友把他们的糖果钱、压岁钱、冰棒钱一角二角、一分二分寄了来，还有的寄来一个满满的存钱罐。这一切，令徐白仑流下了激动的眼泪。

1985年12月，在青年作家郑渊洁等人的帮助下，徐白仑主持编辑的《中国盲童文学》双月刊终于问世了！它被免费赠送给全国 150 余所盲校、盲聋合校和许多省区农村的盲童阅读,使他们了解到了外面的世界。时至今日,《中国盲童文学》已经出版了 77 期,不仅填补了我国盲童教育的空白,而且与世界上 40 多个主要国家的图书馆建立了联系,受到了海内外盲童们的普遍欢迎。

中国的保尔——吴运铎

《把一切献给党》,是一部在20世纪50年代就脍炙人口的自传体小说,写的是一个普通工人成长为无产阶级优秀战士的感人故事。它问世以来,不仅在我国多次再版,影响了几代人,而且被译成七种文字,在国外广为流传。这本书的主人公和作者,就是中国抗日战争时期革命根据地兵工事业的开拓者、新中国第一代工人作家吴运铎。

吴运铎,1917年1月17日生于湖北省武汉市汉阳镇的一个农民家庭。父亲当过学徒、小职员。吴运铎八岁时随父亲流落到江西萍乡;在安源煤矿读完小学四年级之后,因家境困难被迫缀学,回到湖北老家。托人求情先后在富源、源华煤矿作童工、当学徒。1938年9月,转辗到皖南根据地,参加了新四军,并在军司令部修械所工作。1939年5月,他光荣地加入了中国共产党，从事地下组织活动。在革命队伍中，读完了中学课程，并自修了机械制造专业理论。他先后在新四军二师军械制造厂和新四军兵工厂担任技术员、副厂长和厂长。当时条件十分困难，一无资料，二无材料，为了供应前方的军需，他毅然挑起了重担。在占庙中，他将大殿当生产车间，配殿当修枪厂，用简陋的设备研制出杀伤力很强的枪榴弹和发射架，它们在抗日战场上发挥了消灭敌人的作用。在敌人重重封锁下，火药原料是找不到的。为研制子弹，吴运铎只好去找代用品。想方设法将红头火柴的头刮下来，用酒精泡开，制成火药。没有酒精，就用老烧酒、蒸馏后，代替酒精使用。因为火柴头爆炸力太强，他就用锅灶上的烟锅子掺在一起，配成合用的火药。红头火柴用量大，根据地又供应不上，吴运铎就从药店里买来雄黄和洋硝，混合配制，才解决了难题。制造弹头的材料更加缺乏，他就试着把铅溶化了注入模型，做子弹头。但铅经不住高热，步枪有炸毁的危险，后来，他改用铜元，放在弹头钢模里压成空筒，做成尖头的子弹头，里面灌上铅，才试验成功。为制造军工机床，他组织大家用废铁堆里找到的几节切断了的钢轨，中间钻洞安装上模型，然后把铁轨钉在案上，算是代用的"冲床"了。就这样，吴运铎利用废钢铁，加工成各种简易的机床，装备了军工厂，突破了难题。他先后发明、制造了各种地雷和手榴弹。在条件极端艰难、困苦的状况下，军工厂修复了大量枪械。为试制各种弹药，他先后数次严重负伤，砸坏了左腿，炸断四根手指，炸瞎了左眼，身上大大小小留下了无数伤疤。1947年初春，吴运铎被派送到东北一个海港，留下参加建设新的军工厂，担任总厂工程部副部长，负责建立引信厂，兼任厂长。全国解放后，吴运铎先后任前中南兵工局副局长、二机部第一研究所所长和兵器科学研究院副院长兼总工程师，并于1952—1954年在原苏联远东兵工厂进修实习。回国后，吴运铎任447厂（新建火炮工厂）总工程师。此后他又从事火炮技术研究。1954—1965年间，他主持无后坐力炮、高射炮、迫击炮和轻武器等多项重大课题研究，取得了重大成果，并且为国家培养了一批年青的兵工专家，为国防现代化和改善我军装备做出了贡献。1951年10月，中央人民政府政务院和全国总工会授予他特邀全国劳动模范称号，并将他誉为中国的"保尔·柯察金"。

吴运铎工作勤奋，生活俭朴，始终保持着工人阶级本色。他坚持实践第一的原则，经常深入工厂车间和试验场，亲自动手，与技术人员和工人起研究产品的改进，使得技术成果能迅速转化为可靠的产品，大大缩短了兵工产品的研制周期。即使在健康状况恶化的情况下，他仍在思索着兵器的改进问题，并且不停地绘制方案草图。在军工生产中，吴运铎伤残严重。第三次负伤时，抢救的医生怕他麻醉后醒不过来，做手术时连麻药也没敢用，但吴运铎硬挺了过来。医生用X光检查后，发现他右眼里还残存一块小弹片取不出来，就坦率地告诉他有失明的危险。吴运铎却说："如果我瞎了，就到农村去，做一个盲人宣传者！"在病床上，他利用尚存的微弱视力，坚持把引信的设计搞完，并让人买来了化学药品和仪器，在疗养室里办起了炸药实验室，制造出新型的高级炸药。同时，他还学习日文，以便阅读参考资料。吴运铎最爱读《钢铁是怎样炼成的》一书，最敬佩书中的主人公保尔。1949年冬，党组织送他到苏联去诊治眼睛。在莫斯科，《钢铁是怎样炼成的》作者奥斯特洛夫斯基的夫人听到了他的英雄事迹，特地到医院看望他。苏联医生对这位"中国保尔"十分崇敬，经过悉心治疗，吴运铎的部分视力得到恢复，于1950年回国后应邀参加了天安门国庆观礼。1953年，他拖着伤残的身体写下了自传体小说《把一切献给党》，发行达500余万册，并被翻译成俄、英、日等多种文字，成了那个时代鼓舞人们奋发向上的教科书。

在"文化大革命"中，吴运铎同志遭到林彪、"四人帮"及其追随者的政治迫害，但他始终坚持政治原则，坚持真理，同错误路线进行了不懈的斗争，并利用一切机会向广大青少年宣传党的优良传统和党的路线、方针、政策。在中国工会第十次代表大会上，他当选为全国总工会执行委员，同时他还受聘为多所院校的名誉教授。由于革命战争时期留下的伤残和痼疾，"文化大革命"之后，吴运铎同志长期住院治疗。1991年5月2日，他终因肺心病复发抢救无效，停止了呼吸。一颗传奇式兵工之星从此陨落了。

阿炳的绝唱《二泉映月》

阿炳，原名华彦钧，民间音乐家。因患眼疾而双目失明。他刻苦钻研，精益求精，并广泛吸取民间音乐的曲调，一生共创作和演出了270多首民间乐曲。留存有二胡曲《二泉映月》、《听松》、《寒春风曲》和琵琶曲《大浪淘沙》、《龙船》、《昭君出塞》六首。

1893年8月17日，阿炳出生在无锡雷尊殿旁"一和山房"。后因患眼疾而双目失明。其父华清和为无锡城中三清殿道观雷尊殿的当家道士，擅长道教音乐。华彦钧3岁时丧母，由同族婶母抚养。8岁随父在雷尊殿当小道士。开始在私塾读了3年书，后从父学习鼓、笛、二胡、琵琶等乐器。12岁已能演奏多种乐器，并经常参加拜忏、诵经、奏乐等活动。在他10岁那年，父亲便教他迎寒击石模拟击鼓，练习各种节奏。

12岁那年，阿炳开始学吹笛子，父亲经常要他迎着风口吹，且在笛尾上挂铁圈以增强腕力，后来索性将铁圈换成了秤砣；阿炳在学二胡的时候，更加刻苦，琴弦上被勒出血痕，手指也拉出了厚厚的茧，阿炳演奏用的二胡的外弦比一般弦粗壮得多，这与他常年练习分不开的。17岁时，阿炳正式参加道教音乐吹奏，他长得一表人才，还有一副好嗓子，被人们誉称为"小天师"。18岁时被无锡道教音乐界誉为演奏能手。22岁时父亲去世，他继为雷尊殿的当家道士，34岁时双目先后失明。为谋生计，他身背二胡，走上街头，自编自唱，说唱新闻，沦为街头艺人。40岁时，每天下午在崇安寺三万昌茶馆门前围场演唱。他敢于切中时弊，抨击社会黑暗，用人们喜闻乐见的说唱形式吸引听众。一·二八事变发生后，他又编唱《十九路军在上海英勇抗击敌寇》的新闻，并用二胡演奏《义勇军进行曲》。在抵制日货的运动中，他用富有激情的语言激发人们的爱国热忱。他的许多新闻唱出了群众的心声，深得一般市民的喜爱。每天晚上还走街串巷，手操二胡，边走边拉，声调感人。蜚声国际乐坛的《二泉映月》，就是这一时期创作的。日军侵占无锡后，阿炳和董彩娣一同到双方老家避难。不久赴上海，在昆曲班仙霓社担任琴师，弹奏三弦，并在电影《七重天》中担任表演群众角色盲人。这时他创作的《听松》，是一首气魄豪迈、情感充沛的二胡独奏曲，倾吐着不愿当亡国奴的爱国主义热情。民国二十八年重返锡城，再操旧业。他每天上午去茶馆搜集各种新闻，回来构思创作，下午在崇安寺茶馆门前演唱；夜间在街上拉着二胡，演奏他创作的《寒春风曲》。1949年7月23日无锡解放，阿炳和他的《二泉映月》等乐曲获得新生。1950年暑期，中央音乐学院师生为了发掘、研究和保存民间音乐，委托杨荫浏教授等专程到无锡为他录制《二泉映月》《听松》《寒春风曲》3首二胡曲和《大浪淘沙》《龙船》《昭君出塞》3首琵琶曲。

  阿炳的一生如戏剧般充满情节的跌宕。据说他生平唯一留存下来的影像，只有一张日伪统治无锡时期"良民证"上的标准照。相片里那个带着盲人眼镜，形容枯瘦的中年人，在一顶破毡帽下面的面孔，透着生活的艰难和沧桑。也许命运给阿炳的磨难，正是成就他那些动人心魄乐曲的缘由。这个华清和的私生子，生来就被剥夺了家庭慈爱的权利。当他的生母无奈地以结束自己的生命来抵抗世俗的歧视，这个孩子性格中一些隐秘的部分已经可见端倪。在外寄养几年的少年回归生父华清和的身边，他的眼光所见之处，也许有更多的是不解的疑惑。他是叫着"师傅"来到当道士的父亲身旁。此刻阿炳还当自己只是个蒙受好心人照料的孤儿。然而当他长到22岁时，阿炳突然在华清和因病去世前明白了自己的身世。34岁时他瞎了眼睛，丧失对道观的控制，被迫流落街头。世事就是这样矛盾。痛苦绝望中的阿炳没有破罐子破摔。再往后的日子里，一个说唱时事，在街头卖艺，以"瞎子阿炳"闻名的创作型民间艺人新生了。有一篇当时见证人的回忆文章说，日本人侵占无锡后，阿炳和董彩娣曾外出避难，在上海的昆曲班仙霓社担任弹奏三弦的琴师，其间甚至还在当时拍摄的电影《七重天》里表演了一个群众角色。

阿炳在这个卖艺为生的时期创作了他最为动人的乐曲。围绕二胡曲《二泉映月》的流传有许多故事，我在偶然中读到其一，说南京师范大学教授黎松寿孩童时期和阿炳是邻居，少年时喜好二胡，在演奏技法上常常得到阿炳的点拨。后来他考上了南京艺术学院民乐系。一天天很冷，他在老师琴房外活动手指，随手拉了支阿炳教他的乐曲。一曲终了，过来一个人询问他拉的是什么曲子。老师告诉他，这位问他的先生是从中央音乐学院来的杨荫浏教授。黎松寿说这乐曲是家乡一个民间艺人教的，没名字。杨荫浏说这曲子好，还说他们正在收集民乐，要用刚从国外进口的钢丝录音机录下这样好的民间音乐。黎松寿和杨教授约好，回到家乡一直等到9月份，杨荫浏和曹安和两位教授才来到无锡。这次他们带来的任务是录制无锡的道教音乐。等录完这些道教音乐，黎松寿坚持请他们去录阿炳的乐曲。等阿炳拉完一曲，杨荫浏教授轻声问这曲子的名字，阿炳说没名字。杨教授说没名字不行，要想一个。阿炳接着说那就叫《二泉印月》吧。杨教授又说，《印月》这名字跟广东音乐重了，要不叫映月，无锡有映山湖么，阿炳说，好，你的学问大，就听你的。

对这件事情，黎松寿先生在他的回忆文章里说：1950年9月20日，我和妻子陪着杨荫浏、曹安和两位先生找阿炳录音，那天一直录到晚上7点半才结束。录音的时候，阿炳因为身体很不好，手劲也不够，琴也是临时找的，所以录音保存下来的《二泉映月》并不是效果最好的。阿炳的最后一次演出是1950年9月25日，也就是录音后的第23天，好像是无锡牙医协会成立大会的文艺演出。阿炳支撑着病体出门，由于他走得慢，到会场时演出都快结束了。我扶着阿炳走上舞台，坐在话筒前面。这是阿炳平生第一次面对话筒演出，也是惟一的一次。阿炳一开始是弹琵琶，后来台下有人叫着要阿炳拉二胡，我和妻子就叫阿炳注意身体，不要拉。阿炳说了一句："我给无锡的乡亲拉琴，拉死也甘心。"接着就拉起了他不知拉了多少遍的《二泉映月》。我记得满场都是人，连窗户上也站满了人。演出结束的时候，台下掌声和叫好声不断，阿炳听见就脱下头上的帽子点头示意。

阿炳因为1950年那次录音保留了他创作的六首乐曲：即今天已为世人所熟知的二胡曲《二泉映月》、《听松》、《寒春风曲》，琵琶曲《大浪淘沙》、《龙船》、《昭君出塞》。这是一件万幸的事情。作为民间艺人，他艰苦的一生也许只是有史以来无数血泪人生其中的一次。幸好他有了一个机会，不仅能够用自己的双手，用音符来表达，还能借助音乐这种工具来感染其他的心灵。

以文学思考人生的作家
——史铁生

史铁生，1951年生于北京，1967年毕业于清华附中，1969年去延安一带插队。因双腿瘫痪于1972年回到北京。后来又患肾病并发展到尿毒症，需要靠透析维持生命。自称是"职业是生病，业余在写作"。2002年获华语文学传媒大奖年度杰出成就奖。写有著名散文《我与地坛》鼓励了无数的人。

史铁生，中国电影编剧，著名小说家，文学家。1958年入北京东城区王大人胡同小学读书，1967年毕业于北京清华大学附属中学。1969年到陕西延川插队落户。1972年回北京，1974—1981年在北京新桥街道工厂做工，后因病停薪留职，回家养病。1979年发表第一篇小说《法学教授及其夫人》，以后陆续发表中、短篇小说多篇，1983年他参加中国作家协会。1996年11月，短篇小说《老屋小记》获得《东海》文学月刊

"三十万东海文学巨奖"金奖。小说《我的遥远的清平湾》、《奶奶的星星》分获1982、1983年全国优秀短篇小说奖,作品风格清新,温馨,富有哲理和幽默感,在表现方法上追求现实主义和象征手法的结合,在真实反映生活的基础上注意吸收现代小说的表现技巧,从成名作《我那遥远的清平湾》到《插队的故事》,作品从内容到形式技巧都显出异乎寻常平淡而拙朴,属意蕴深沉的"散文化"作品,另外,他还创作了电影剧本《多梦时节》、《死神与少女》等,《死神与少女》属于一种新的电影类型——诗电影,这为电影类型的发展作出了新的贡献,这两部影片都由林洪洞执导,《多梦时节》以其新颖的视角获第九届金鸡奖最佳儿童片奖,广电部1988年优秀影片奖,第三届儿童电影童牛奖艺术追求特别奖,《死神与少女》以其对人生价值的探索于1989年获保加利亚第十三届瓦尔纳国际红十字会与健康电影节荣誉奖。

史铁生肉体残疾的切身经历,使他的部分小说写到伤残者的生活困境和精神困境。但他超越了伤残者对命运的哀怜和自叹,由此上升为对普遍性生存,特别是精神"伤残"现象的关切。和另外的小说家不同,他并无对民族、地域的感性生活特征的执著,他把写作当作个人精神历程的叙述和探索。"宇宙以其不息的欲望将一个歌舞炼为永恒。这欲望有怎样一个人间的姓名,大可忽略不计"(史铁生《我与地坛》)。这种对于"残疾人"(在史铁生看来,所有的人都是残疾的,有缺陷的)

的生存的持续关注，使他的小说有着浓重的哲理意味。他的叙述由于有着亲历的体验而贯穿一种温情、然而宿命的感伤；但又有对于荒诞和宿命的抗争。《命若琴弦》就是一个抗争荒诞以获取生存意义的寓言故事。他的著名散文《我与地坛》鼓励了无数的人，深圳中学生杨林在文章的鼓励下，走出了车祸带来的阴影，以《生命的硬度》夺得了一个全国作文大奖。

史铁生说："万事万物，你若预测它的未来，你就会说它有无数种可能，可你若回过头去看它的以往，你就会知道其实只有一条命定的路。难道一个人所走的路不都是'这一条'路？但这并非不要把握'命运'。史铁生的奋斗精神和创作实践证明了他是一个不向命运低头的人。他只是不强求什么，不做欲望的奴隶，因为欲望是无边的，人哪有完全'心满意足'的一天！面对苦难他说："苦难消灭自然也就无可忧悲，但苦难消灭一切也就都灭。"所以，人是万不可追寻什么绝对的公平，永远的利益以及完全无忧无虑的所谓"幸福"的。没有无憾的人生——这才是真正的人生。

有自信才能创造奇迹

对于个人，有坚强的自信，往往可以使得平庸的男女能够成就神奇的事业，成就那些虽则天分高、能力强却又疑虑与胆小的人所不敢尝试的事业。

你的成就之大小，永远不会超出你的自信心的大小。拿破仑的军队决不会爬过阿尔卑斯山，假使拿破仑以为此事太难的话。同样，假使你对于自己的能力存在严重的怀疑和不信任，你一生中就决不能成就重大的事业。不热烈、坚强地企盼成功而能取得成功，天下绝无此理。成功的先决条件就是自信。

河流是永远不会高出其源头的。人生事业之成功，亦必有其源头，而这个源头，就是梦想与自信。不管你的天才怎样高，能力怎样大，教育程度怎样深，你的事业上的成就，总不会高过你的自信。"他能够，是因为他认为自己能够；他不能够,是因为他认为自己不能够。"

有一次,一个兵士从前线归来,将战报递呈给拿破仑。因为路上赶得太急促,所以他的坐骑,在还没有达到拿破仑那里时,就倒地气绝了。拿破仑立刻下一手谕,交给这兵士,叫他骑了自己的坐骑火速赶回前线。这兵士看看那匹雄壮的坐骑及它的宏丽的马鞍,不觉脱口说:"不,将军,对于我一个平常的士兵,这坐骑是太高贵、太好了。"拿破仑回答说:"对于一个法国的兵士,没有一件东西可以称为太高贵、太好了。"

在这世界上,有许多人,他们总以为别人所有的种种幸福是不属于他们的,以为他们是不配有的,以为他们不能与那些命运好的人相提并论。然而他们不明白,这样的自卑自抑、自己抹杀,将会大大减弱自己的生命,也同样会大大减少自己成功的机会。

有许多人往往这样认为:世界上种种最好的东西,与自己是没有关系的;人生中种种善的、美的东西,只是那些幸运宠儿晰独享的,对于自己则是一种禁果。他们沉迷于自以为卑微的信念中,所以他们的一生,自然要卑微以殁世;除非他们一朝醒悟,敢于抬头要求"优越"。世间有不少可以成就大事,但结果却老死牖下、默度其渺小一生的男女,就因为他们对于自己的期待、要求太小的缘故。

自信心比金钱、势力、家世、亲友更有意义。它是人生最可靠的资本。它能使人克服困难,排除障碍,使人的冒险事业终于成功，它比什么东西都更有价值。

一个人能够给予自己很高的估价，则他在做事时，其"气"必所向披靡，刚刚开始，即已可得一半的胜利，操一半的胜算了。一切横在自卑自抑者面前的障碍，在这种自信坚强的人的前面，是完全不存在的。

假使我们去研究、分析一下"自造机会"的人们的伟大成就，就一定可以看出，他们在出发奋斗时，一定是先有一个充分信任自己能力的坚定心理。他们的心情、志趣坚强到可以踢开一切可能阻挠自己怀疑和恐惧，这类念头，使得他们能够勇往直前。

做自己命运的主人

《华盛顿邮报》是美国首都的第一大报纸，它以独到的见解和勇敢求实的风格而闻名于世，白宫的高级决策者们，无不在每天伊始首先阅读它。这家报纸的主人就是有着犹太血统的女强人——凯瑟琳·格雷厄姆。

当初，凯瑟琳是在丈夫去世后仓促接管报纸的。处处都是男人，这是凯瑟琳遇到的第一个问题。她不得不对付他们，因为他们办事果断，能说会道，有抱负，有远见，信心十足，同他们相处很容易感到自己迟钝。男人本来就够难对付的了，何况他们又不是一般的男人，有时，看起来他们好像是用另一种语言讲话，这使她感到惊恐，感到自己不相称，因为他们懂的比自己多得多。

凯瑟琳找到老朋友李普曼，向他吐露了自己的心情。李普曼建议她每天阅读自己办的报纸，如有的报道她不理解，干脆把记者叫来,平心静气地在办公室问一些问题,从交谈中了解情况,把问题从专家们神秘的世界里挖掘出来,展开讨论。她逐渐了解到华盛顿邮报并不是一家特别好的报纸,一直存在着很多问题。于是,凯瑟琳决定改革。

报纸的兴旺关键在于人才。希拉德利原是《新闻周刊》的主编,在凯瑟琳的丈夫(菲尔)买下这家杂志之后,曾因一个女职员与菲尔争风吃醋,两人成为情敌。但当下,为了事业,凯瑟琳断然决定把希拉德利安排到华盛顿邮报任副主编,并很快提升他为社长。希拉德利把一批普利策奖获得者、最有才华的明星都聚集在自己周围,组成了一个光彩夺目的记者群,《华盛顿邮报》焕然一新。到20世纪60年代末,该报的财政预算由1962年的290万美元提高到730万美元,工作人员增加了35%,报纸的页数从56页增加到100页,发行量增加了15%,年利润差不多是原来的两倍。

1971年,《华盛顿邮报》开始公开出售股票,但是,股票销售情况不好,股票公司有点迟钝,不知道如何销售这种特别的股票,除此之外,华尔街有许多保留,他们信不过一个女人领导的公司。这样一来,凯瑟琳就不得不去参加华尔街分析家们推销股票的辩论会。

出席辩论会的那天,凯瑟琳害怕得要命,但在发表讲话的过程中,她似乎一口气也没喘。她给人们留下了深刻的印象,表现出自己是一个坚强的有吸引力的女人。她成功了,几天内,股票上升了三个指数,凯瑟琳征服了整个华尔街。

自信，使不可能变为可能

有一个孤儿，向高僧请教如何获得幸福，高僧指着块陋石说："你把它拿到集市去，但无论谁要买这块石头你都不要卖。"孤儿来到集市卖石头，第一天、第二天无人问津，第三天有人来询问。第四天，石头已经能卖到一个很好的价钱了。

高僧又说："你把石头拿到石器交易市场去卖。"第一天、第二天人们视而不见，第三天，有人来问，以后的几天，石头的价格已被抬得高出了石器的价格。高僧又说："你再把石头拿到珠宝市场去卖……"

你可以想像得到，又出现了那种情况，甚至于到了最后，石头的价格已经比珠宝的价格还要高了。

其实人与物皆如此，如果你认定自己是一个不起眼的陋石，那么你可能永远只是一块陋石；如果你坚信自己是一块无价的宝石，那么你可能就是一块宝石。每个人的本性中都隐藏着信心，高僧其实就是在挖掘孤儿的信心和潜力。

信心是一股巨大的力量，只要有一点点信心就可能产生神奇的效果。信心是人生最珍贵的宝藏之一，它可以使你免于失望；使你丢掉那些不知从何而来的黯淡的念头；使你有勇气去面对艰苦的人生。相反，如果丧失了这种信心，则是一件非常可悲的事情。你的前途之门似乎关闭了，它使你看不见远景，对一切都漠不关心，使你误以为自己已经不可救药了。

信心是人的一种本能，天下没有一种力量可以和它相提并论。所以心的人，也会遭遇挫折危难，但他不会灰心丧气。

自信使你能够感觉到自己的能力，其作用是其他任何东西都无法替代的。坚持自己的理念，有信心依照计划行事的人，比一遇到挫折就放弃的人更具优势。

有一位顶尖的保险业务经理，要求所有的业务员，每天早上出门工作之前，先在镜子前面用5分钟的时间看着自己，并且对自己说："你是最棒的保险业务员，今天你就要证明这一点，明天也是如此，一直都是如此。"经过这位业务经理的安排，每一位业务员的丈夫或妻子，在他们的爱人出门工作之前，都以这一段话向他们告别："你是最棒的业务员，今天你就要证明这一点。"

人是为了信心——一种有深度需要的信心而生的，我们一旦失去了信心，就违背了自己的本性，一切都不敢肯定，人生就没有根了。

命运永远掌握在强者手中，也许你曾经失去过，但失去后，你学会了珍惜；也许你曾失败过，但失败后，你学会了坚强；你也许相貌平平，也许一无所长，但你不应该自卑，也许在某方面你存在着惊人的潜力，只是你并没有发觉罢了。正视自己，更深层地挖掘潜力，相信天生我材必有用，是金子就一定会发光。

你不应该抱怨，你也没有理由抱怨命运，你所遇到的困难与挫折都是命运对你的一种考验。

也许你并不出众，但平凡也是一种美，不被世间的功名利禄所累，知足常乐，要乐观地去面对生活中的每一天，不论快乐或悲伤，人生能有几回合，春去秋来，花谢花开，干吗自寻烦恼，虚度光阴呢？

河流是永远不会高出源头的。人生事业之成功，亦必有其源头，而这个源头，就是梦想与自信。不管你的天赋怎样高，能力怎样大，知识水平怎样高，你的事业上的成就，总不会高过你的自信。正如一句名言所说："他能够，是因为他认为自己能够；他不能够，是因为他认为自己不能够。"

有一次，一个兵士从前线归来，将战报递呈给拿破仑。因为路上赶得太急促，所以他的坐骑在还没有到达拿破仑那里时，就倒地气绝了。拿破仑看完战报后立刻下一手谕，交给这个兵士，叫他骑自己的坐骑火速赶回前线。兵士看看那匹雄壮的坐骑及它华丽的马鞍，不觉脱口说："不，将军，对于我这样一个平凡的士兵，这坐骑是太高贵、太好了。"

在这世界上，有许多人，他们总以为别人所有的种种幸福是不属于他们的，以为他们是不配有的，以为他们不能与那些命运好的人相提并论。然而他们不明白，这样的自卑自抑、自我抹杀，将会大大减弱自己的自信心，也同样会大大减少自己成功的机会。

没有自信，便没有成功。一个获得了巨大成功的人，首先是因为他自信。有人说，自信是成功的一半，但它毕竟还不是成功的全部。若不充分认识这一点，有一天你会连原来的一半也丧失。自信的人依靠自己的力量去实现目标；自卑的人则只有依赖侥幸去达到目的。自信者的失败是一种人生的悲壮，虽败犹荣。当你总是在问自己：我能成功吗？这时，你还难以撷取成功的果实。当你满怀信心地对自己说：我一定能够成功。这时，人生收获的季节离你已不太遥远了。

做人要懂得自己的价值

无论是淤泥,还是清涟,对于莲藕的成长都起着不可缺少的作用,虽然我们平常对淤泥是决不会喜欢的,但是也不得不承认它有自己的价值所在。世界上万事万物的存在都有其意义,必不可少。

同样的,我们每个人也都有自己的意义,自己存在的价值。但是,很多时候,我们口头上承认每个人都有价值,但实际却存在很多偏见,无论是自己对自己,还是别人对自己,比如说:学校里用成绩来区分谁是好学生,谁是坏学生。只是重视这些外在的表现,而忽略了每个人的不同,每个人都有自己的优势,不能单从某一方面就断定一个人是否优秀。每个人生来资质不一样,长处不一样,但没人生下来就是注定失败的人。每个人都能够培养自己生活的能力,活活泼泼,堂堂正正,成为社会的一分子。人们还能够在成功的路上摸爬滚打,努力创造自己的成功,这实在是很伟大的价值。人生而不同,没必要非得强求与他人一样的成绩,我们有独属于自己的成功,这就看个人的了。重视自己的价值,才能找到存在的意义,才能树立信心,奋勇在人生路上前进。

世界著名企业松下电器公司,成立于1918年3月,取得了比较大的发展。但是到1932年年初,作为创业者的松下幸之助,已经发现靠原来那样发展,已有很大局限。因此就召集干部发表了价值观:"我们的努力,正是为了提高全人类的生活水准、顺利地发展。也就是说,并不单指公司的业绩提高,或是保证从业人员的薪资,提高他们的生活水平,而有更大的意义——为社会全体的繁荣作最大的贡献。"正是有了这样的使命感,公司的业绩产生了很惊人的变化,员工们都说:"原来只知道好好干,而不知道为何而干。而现在,了解到工作的真正意义,应该更加努力。"此后的松下电器有了迅速的成长,在两年后,员工们的数目由1000来名增加为2000名,在5年后增长为4000名。

松下集团找到了自己的意义,所以在风雨飘摇的商场上屹立不倒。

20世纪90年代,美国斯坦福大学的詹姆斯·柯林斯与里·波拉斯,花了整整6年的时间,对美国等国家一些创立时间最久(有的长达100年)、最有建树的公司进行了深入的研究。其研究成果震惊了西方经济界：这些公司无一例外都是"目光远大的公司"，也就是说，是一些不仅赢利，而且有着存在于赢利背后的核心价值观和理想的企业。这些价值观和理想长期引导和激励着全公司的人，并且成为企业的生存和发展之本。如默克公司，是世界上最有名的制药企业之一。在过100岁生日的时候，出了一本书，书名是《价值观与理想：默克公司的100年》，书名连该公司是干什么的都没有说。为什么不说？因为该公司自成立不久，就推出了一系列的"超经济价值观"——如第一条："我们的工作是维持和改善人类的生活。衡量我们一切行动的价值的标准是我们在这方面所取得的成就。"就是这样一个坚持"药是为人生产的，不是为利润"价值观的公司，成了世界医药界数一数二的企业。

默克公司跟松下集团一样，发现了自己的重大意义，所以他们都能够屹立不倒。对于企业来说如此，对于个人也一样是这样的规律。发现自己的意义与价值，就等于成功了一半。

所谓"价值"，就是人们对某事作评价时，对之作出的是否"合算"、"有意义"的评价。对价值的判断，甚至决定了人的生死存亡。著名心理学家弗兰克，在二战时被关进纳粹的集中营，甚至有一段时间他被关押进了号称有进无出的奥斯维辛集中营，那里的俘虏们被用于各种残忍的生活试验以及虐杀，很多人忍受不了那种折磨，只好乞求一死以解脱。弗兰克发现：很多放弃生存意志的人，都是由于感觉到自己已经"活得没意义"。相反,能坚持下来的人,往往是因为他们还有着"我还会有意义"的信念。弗兰克也用意义来支撑着自己,终于他盼来了二战的结束。后来,他成了"意义疗法"的创始人,并写了两部姐妹著作《无意义生活之痛苦》、《活出意义来》。

有一份美国统计资料表明:在美国大学生中,自杀已经成为位居交通意外之后的第二大死因。在对爱达荷州立大学60名自杀未遂的大学生进行的研究表明:85%的人自杀的根本动机,就是在生活中"再也看不到任何意义"!找到自己的意义,肯定自己的价值,人们对于自己的价值的认知高低决定了自己事业的成败。

美国前总统西奥多·罗斯福,他小时候瘦弱多病,羞怯胆小,他经常梦想自己做一个强者,但在现实生活中却越来越体现出是一个弱者。为此罗斯福一家辗转搬迁,以便找个利于他养病的地方。后来,他终于明白:光靠改变环境解决不了自己的健康问题。他问自己:成为一个强壮而有力的人,在自己的生命中是不是占有至高无上的价值?回答说:"是!"再问自己:"为达到这一目标,是不是你愿意付出全力?"回答同样:"是!"于是,他得出一个结论:"成为强者是我的最大价值,我将竭尽全力,尽我所能!"

从此,他开始进行大量的体力活动,下决心以最大努力向病魔挑战。为了增强勇气和力量,他屡次折腕断臂,伤痕累累。后来进入哈佛大学，他又参加拳击运动。虽然经常被揍得鼻青眼肿，但一想起自己还没有尽最大力量，就毫不畏缩地继续下去，终于成为一名出色的拳击手。后来，在美国与西班牙发生战争中，他荣任"狂飙骑士"中校。圣胡安战役中的赫赫战功使他成了英雄，而"狂飙骑士"的形象则使罗斯福成了备受欢迎的军界和政界名人，1901年当选了美国总统。

江雅苓，她在悉尼的华人圈中地位显赫，30岁就获得了澳洲政府授予的"太平绅士"荣誉，但是，江雅苓却曾经是一个很不自信的女人。

她曾经不懂得爱自己，虽然她住在台湾一个中产阶级家庭中，但由于父母貌合神离，她从小就没得到充沛的爱。22岁，她和男友私奔到了澳洲。但是这个男人是个好逸恶劳的人，养尊处优地赋闲在家，等着江雅苓的薪水开饭。她不要此后的50年过着相同的日子。她在给男友找了一份工作后，决绝地离开了他。

之后，江雅苓嫁给了一个大自己26岁的男人，和他一起创业，和他一起照料他与前妻的4个孩子。他在公司里，他主内，她主外，她为公司赚得盘满钵满。尽管如此，她却不愿自己有权利消费，相反，她供奉着4个孩子的奢侈花销。

她骨子里的自卑，仍时不时地困扰着她。一度，她还曾得了抑郁症，深陷迷思，她觉得，人生没有出路，生命怎么这么脆弱，在家里睡觉都可能毙命。当江雅苓告诉女朋友她不想活下去的时候，女朋友说出了让她终身难忘的话："江雅苓，整个唐人街都知道你是个可以做点事情的人！"一向不自信的她第一次受到高度赞誉，她振奋了，"既然别人都这么看我，我为什么不可以试一试！"

她开始懂得关切自己的感受，她把时间和精力投入到公益事业中。由于她的卓越表现，她经常成为当地报纸整版报道的人，30岁时她荣膺了澳洲政府授予的"太平绅士"头衔，这意味着她的任何文件都不需要法律公正，她拥有至高的荣誉与信誉。

此时，江雅苓骨子里的不自信又在捣鬼："这一切都是别人高看了我而给我的，并不是我赚来的。"因此，当环境部长力邀她参加一个监督公务员的委员会时，她畏缩了，直到逃不掉才去赴任。她所监督的公务员是管理动物园的，而在当地公务员本身就是有身份的人，所以只有社会名流才有资格监督公务员。在那个4人委员会中，既有动物专家，又有商界名流，于是江雅苓更觉得自己什么都不是，只是一只微笑的花瓶。但就是这只花瓶，受到了特别的褒奖，因为大家觉得她为动物园做了很多有益的事情。可是，当时欠缺自我价值感的江雅苓并不认同自己。

随着阅历的逐渐丰富，江雅苓终于领悟到了自己的价值："我个性里的无争总能把我推到一个有利的位置，当我坐到那个位置上的时候，我觉得欠别人的很多，于是拼命地做事情，而这种努力又使我赢得了下一个机会。"现在的江雅苓自豪的说:"我是有生活情趣的、快乐的、能给周围人带来积极影响的女人!"

江雅苓已经领悟到了自己的价值,不再低估自己,现在快乐地过每一天的日子。我们呢?我们是否也能够像她一样,正确看待自己呢?

充满自信才有希望

每个人都是这个世界的唯一，这个世界上从没有另一个你，如果放弃自我而跟着别人走，把别人的特色误认为是自己的特色，是不会成就大事的。无论好坏，只要活出自我，在自己的生命管弦乐中演奏好自己的那首乐曲，就是生命的成功。

保持自我本色这一问题，"与人类历史一样久远了。"詹姆士·戈登·基尔凯医生指出，"这是全人类的问题。"很多精神、神经及心理方面的问题，其隐藏的病因往往使他们不能保持自我。

安吉罗·派屈写过13本书，还在报上发表了几千篇有关儿童训练的文章，他曾说过："一个人最糟的是不能成为自己，并且在身体与心灵中保持自我，做你自己！"这也是美国作曲家欧文·柏林给后期的作曲家乔治·格希文的忠告。柏林与格希文第一次会面时，柏林已声誉卓著，格希文却只是个默默无闻的年轻作曲家。柏林很欣赏格希文的才华。以格希文所能赚的3倍薪水请他做音乐秘书。可是柏林也劝告格希文："不要接受这份工作，如果你接受了，最多只能成为个欧文·柏林第二。要是你能坚持下去，有一天，你会成为第一流的希文。"

格希文接受了忠告，并渐渐成为当代极有贡献的美国作曲家。

像查理·卓别林这样的人，以及其他所有的人都曾经学到这个教训，而且多数人得先付出代价。

卓别林开始拍片时，导演要他模仿当时的著名影星，结果他一事无成，直到他开始成为他自己，才渐渐成功。鲍勃·霍伯也有类似的经验，他以前有许多年都在唱歌跳舞，直到他发挥自己的才能才真正走红。

天下事只怕你不认真，拿不定主意，没有自己的思想，看别人的言行而做。如果你一旦认真起来，不怕别人的褒贬，按照自己的思想去做，事情成功之后，别人的议论自然会平息。有这样一个故事：父子俩赶着一头驴到集市上去。路上有人批评他们太傻，放着驴不骑，却赶着走。父亲觉得有理，就让儿子骑驴，自己步行。没走多远，有人又批评那儿子不孝："怎么自己骑驴，却让老父亲走路呢？"父亲听了，赶快让儿子下来，自己骑到驴上。走不多远，又有人批评说："瞧这当父亲的，也不知心疼自己的儿子，只顾自己舒服。"父亲想，这可怎么是好？干脆，两个人都骑到了驴背上。刚走几步，又有人为驴打抱不平了："天下还有这样狠心的人，看驴都快被压死了！"父子俩脸上挂不住了，得，索性把驴绑上，抬着驴走……

故事中父子俩的行为很可笑，但笑过后想想，我们自己是不是也经常这样做：做事或处理问题没有自己的思想，或自己虽有考虑，但常屈从于他人的看法而改变自己的想法，人云亦云，随波逐流，一味讨好和迎合别人，而失去了自己的原则呢？

一位青年企业家在一次讨论会上说："如果做事怕别人提出反对意见，就放弃了自己的想法，那你就失去了你自己。"做人做事，要有明确的立场、要独立。他进一步说，每个人的想法都不会完全一致，我们不能要求每个人的看法都与自己相同。因此我们做人做事要看我们想达到的目标效果，而不要过于顾虑一些人的议论。时间可以证明一切，当你成功了，那些议论自然也止息了。只要是正确的，也就是我应当做的，论不得成败。做人就应该有自己的品格。

事实上，历史中的任何一则事例都可以告诫青年人遇事都要问一个为什么，都要经过自己头脑的思考，绝对不可做盲从的奴隶。社会生活是复杂的，许多东西并不是看着自己周围有多数人在做、在说，就是正确的。"别人都在为自己谋利益，我也不能犯傻。"诸如此类的想法，或者是糊涂，或者是一种利己的，这些精明者并不是简单地放弃自己的"定见"或缺乏主见，而常常是为自己的堕落寻找借口和挡箭牌。我们说的，就是要有自己做人的原则，就是要独立自主。有了这个独立思考的根本，天下事再风云变幻，人际关系再错综复杂，我们也能"认得真"，都不会失去独立思考的能力，不会人云亦云或随波逐流甚至同流合污，不会被商业社会的种种时髦潮流所迷惑，不会失去自己的本色。

我们要成就一项事业或工作，常常会听到许多反对意见。这些意见或来自朋友与亲近的人，他们从自己的角度考虑，或纯粹是为我们担心，可能不赞成我们的做法。也可能来自那些对我们心怀恶意的人，他们诬蔑、攻击、诽谤，把我们所要做的事说得漆黑一团。面对这种情况，如果我们过多地顾虑别人的看法和议论，不敢坚持自己的想法，我们就可能半途而废，甚至事情还没做就夭折了。因此，我们要想有所成就，就必须如一句格言所说："走自己的路，让别人说去吧！"

当然，这并不是说独立思考就不去认真听取别人有益的意见。如果别人的意见有可取之处，哪怕是来自"敌人"的意见，我们也应该吸取。但这和丧失自己的主见、屈从于他人不正确的议论是两回事。做人要独立，独立的人都是有主见的人。有主见的人才不会人云亦云、随波逐流，才不会在关键时屈从于他人。

下面有两个故事，谈及的都是个人独立的问题。

索菲娅·罗兰是意大利著名影星，自 1950 年从影以来，已拍过 60 多部影片，她的演技炉火纯青，曾获得 1961 年度奥斯卡最佳女演员奖。她 16 岁时来到罗马，要圆演员梦。但她从一开始就听到了许多不利的意见。用她自己的话说，就是她个子太高，臀部太宽，鼻子太长，嘴太大，下巴太小，根本不像一般的电影演员，更不像一个意大利式的演员。制片商卡洛看中了她，带她去试了许多次镜头，但摄影师们都抱怨无法把她拍得美艳动人，因为她的鼻子太长、臀部太"发达"。卡洛于是对索菲娅说，如果你真想干这一行，就得把鼻子和臀部"动一动"。索菲娅可不是个没主见的人，她断然拒绝了卡洛的要求。她说："我为什么非要长得和别人一样呢？我知道，鼻子是脸庞的中心，它赋予脸庞以性格，我就喜欢我的鼻子和脸保持它的原状。至于我的臀部，那是我的一部分，我只想保持我现在的样子。"她决心不靠外貌而是靠自己内在的气质和精湛的演技来取胜。她没有因为别人的议论而停下自己奋斗的脚步。她成功了，那些有关她"鼻子长，嘴巴大，臀部宽"等等的议论都"自息"了，这些体征反倒成了美女的标准。索菲娅在 20 世纪将结束时，被评为这个世纪的"最美丽的女性"之一。她在自传中这样写道："自我开始从影起，我就出于自然的本能，知道什么样的化妆、发型、衣服和保健最适合我。我谁也不模仿。我从不去奴隶似的跟着时尚走。我只要求看上去就像我自己，非我莫属……衣服的原理亦然。"

另一个故事是这样的：小泽征尔是世界著名交响音乐指挥家。在一次欧洲指挥大赛的决赛中，小泽征尔按照评委给他的乐谱指挥乐队演奏。指挥中，他发现有不和谐的地方。他以为是乐队演奏错了，就停下来重新指挥演奏。但还是不行。"是不是乐谱错了？"小泽征尔问评委们。在场的评委们口气坚定地都说乐谱没问题，"不和谐"是他的错觉。小泽征尔思考了一会儿，突然大吼一声："不，一定是乐谱错了！"话音刚落，评委们立刻报以热烈的掌声。原来，这是评委们精心设计的"圈套"。前两位参赛者虽然也发现了问题，但在遭到权威的否定后就不再坚持自己的判断，终遭淘汰。而小泽征尔不盲从权威，"认得真"了，就不怕别人，哪怕是权威"非之"，他最终摘取了这次大赛的桂冠。

索菲娅·罗兰谈的是化妆和穿衣一类事，但她却深刻地触到了做人的一个原则，就是凡事要有自己的主见，"不去奴隶似的"盲从别人。你要尊重自己的鉴别力，培养自己健全的自我洞察力。我们能像索菲娅·罗兰和小泽征尔这样坚持自己正确的意见吗？

我们可能远没有小泽征尔那样幸运，我们可能会冒犯他们，由此还可能遭受冷遇、孤立和打击。也许就是由于充分考虑到这种可能性，现在不少人变得唯唯诺诺，遇事不敢亮明自己的态度。

我们愿意成为哪一类人呢？当然应该是正直的人，诚实的人，为伟大事业而奋斗的人。那就不要因别人的非议而改变自己做人的原则，不要做那"诺诺"的盲从者，不要因为担心个人的利益，比如安全、财产、面子、职位等，而像墙头草一样两边倒，而是应该有自己的做人原则。

把握住自己的人生

有一天，上帝来到人间。遇到一个智者，正在钻研人生的问题。上帝敲了敲门，走到智者的跟前说："我也为人生感到困惑，我们能一起探讨探讨吗？"

智者毕竟是智者，他虽然没有猜到面前这个老者就是上帝，但也能猜到他绝不是一般的人物。上帝说："我们只是探讨一些问题，完了我就走了，没有必要说一些其他的问题。"

智者说："我越是研究，就越是觉得人类是一种奇怪的动物。他们有时候非常善用理智，有时候却非常的不明智，而且往往在大的问题上迷失了理智。"上帝感慨地说："这个我也有同感。他们厌倦童年的美好时光，急着成熟，但长大了，又渴望返老还童；他们健康的时候，不知道珍惜健康，往往牺牲健康来换取财富，然后又牺牲财富来换取健康；他们对未来充满焦虑，却往往忽略现在，结果既没有生活在现在，又没有生活在未来之中；他们活着的时候好像永远不会死去，但死去以后又好像从没活过，还说人生如梦……"

智者对上帝的论述感到非常的精辟，他说："研究人生的问题，很是耗费时间的。您怎么利用时间呢？""是吗？我的时间是永恒的。对了，我觉得人一旦对时间有了真正透彻的理解，也就真正弄懂了人生了。因为时间包含着机遇，包含着规律；包含着人间的一切，比如新生的生命、没落的尘埃、经验和智慧等等人生至关重要的东西。"智者静静地听上帝说着，然后，他要求上帝对人生提出自己的忠告。上帝从衣袖中拿出一本厚厚的书，上边却只有这么几行字：人啊！你应该知道，你不可能取悦于所有的人；最重要的不是去拥有什么东西，而是去做什么样的人和拥有什么样的朋友；富有并不在于拥有最多，而在于贪欲最少；在所爱的人身上造成深度创伤只要几秒钟，但是治疗它却要很长很长的时光；有人会深深的爱着你，但却不知道如何表达；金钱唯一不能买到的是最宝贵的幸福；宽恕别人和得到别人的宽恕还是不够的，你也应当宽恕自己；你所爱的，往往是一朵玫瑰，并不是非要极力地把它的刺根除掉，你能做的最好的，就是不要被它的刺刺伤，自己也不要伤害到心爱的人；尤其重要的是：很多事情错过了就没有了。

智者看完了这些文字，激动地说："只有上帝，才能……"抬头一看，上帝已经走得无踪影无踪了，只是周围还飘着一句话："对每个生命来说，最最重要的便是——只有本人才能掌控自己的人生"。

学会选择，懂得放弃

选择是人生成功路上的航标，只有量力而行地睿智选择才会拥有更加辉煌的成功；放弃是智者面对生活的明智选择，只有懂得何时放弃的人才会事事如鱼得水。做人就是要学会选择，懂得放弃。

有个男孩患了小儿麻痹症，落后的医学无法救他，他成了瘸子。因此，他的童年、青年时代是在痛苦中度过的。相对于这个世界，他是一名需要照顾的人，说白了，他就是"残废"。在别人或怜悯、或嘲笑、或漠然的眼光中，他的内心充满了自卑。他被自己的缺陷深深地击中了。他的名字叫罗斯福，美国人。

有个男人太高傲了，他的思想情绪特立独行，充满了叛逆精神，为此，皇帝很讨厌他，想狠狠地教训他一次。如果砍他头，那也罢了；但是，皇帝下流地阉割了他！这种奇耻大辱几乎可以毁灭一个男人的终生啊！无论生理上还是心理上，他都不再是一个正常人，甚至连"残废"的称号也不配！他是谁？他的名字叫司马迁，中国人。

他是一位米谷商人的第二个儿子，家庭富足，但他却认为自己的童年并不快乐，因为他自小便是个驼子。行动不便且不说，在别人眼中，他常常沦为小丑、笑料。他是孤立的、孤独的，世界与他之间一直拉开着巨大的距离，他难以逾越那道鸿沟。他成了一个"生活在别处"的人。他叫阿德勒，奥地利人。

罗斯福生命不息、奋斗不止的精神在美国是家喻户晓的；司马迁发奋著述，终成辉煌。《史记》在中国也是妇孺皆知；阿德勒虽不为多数人了解，但是，他独树一帜的心理学思想却与弗洛伊德并驾齐驱。他们的成就与他们的缺陷形成鲜明对照。阿德勒在《自卑与超越》中认为，成功者离不开自卑，他们必须在自卑的动力驱使下，走出自卑的阴影，在更高、更远的地方寻找生命的补偿。

赵本山还是一个农民时，有人说他重活干不成，轻活不愿干，光会耍嘴皮子。但他没有等待，毅然选择了文艺之路，把嘴皮子耍成一门真功夫，成了小品界的红人。

罗大佑的《童年》、《恋曲1990》等经典歌曲影响和感动了一代人。罗大佑起初是学医的，后来他发觉自己对音乐情有独钟，所以他弃医从乐，事实证明，他的选择是对的。

篮球飞人乔丹成名前曾尝试转行到一家叫伯明翰·巴伦斯的二流职业棒球队打棒球，因只取得了很一般的成绩而悻悻而归。

伽利略是被送去学医的。但当他被迫学习解剖学和生理学的时候，他偷偷地学习着欧几里得几何学和阿基米德数学，偷偷地研究复杂的数学问题。当他从比萨教堂的钟摆上发现钟摆原理的时候，他才18岁。

距斯特拉福德镇不远有一座贵族宅邸，主人是托马斯·路希爵士。有一天，刚二十出头的莎士比亚伙同镇上几名好事之徒，扛着大绳枪溜进爵士的花园，开枪打死了一头鹿。结果莎士比亚被当场抓住。在管家的房间里被囚禁了一夜。在这一昼夜间，莎士比亚受尽侮辱，被释放后便写了一首尖刻的讽刺诗，贴在花园的大门上。这下子惹得爵士火冒三丈，扬言要诉诸法律，严惩那写歪诗的偷鹿贼。于是莎士比亚在家乡呆不下去了，只好走上去伦敦的途程。正如作家华盛顿·欧文所说："从此斯特拉福德镇失去了一个手艺不高的梳羊毛的人，而全世界却获得了一位不朽的诗人"。

俄罗斯著名男低音歌唱家奥多尔夏里亚宾19岁的时候，来到喀山市的剧院经理处，请求听他唱几支歌，让他加入合唱队。但他正处在变嗓子阶段，结果没被录取。过了些年，他已成了著名歌唱家。一次他认识了高尔基，给作家谈了自己青年时代的遭遇。高尔基听了，出乎意料地笑了。原来就在那个时候，他也想成为该剧团的一名合唱演员，而且被选中了！不过，很快他就明白，他根本没有唱歌的天赋，于是退出了合唱队。

英国退役军人迈克·莱思曾是一名探险队员。1976年，他随英国探险队成功登上珠穆朗玛峰。而在下山的路上，他们却遇到了狂风大雪。每行一步极其艰难，最让他们害怕的是风雪根本就没有停下来的迹象，这时，他们的食品已为数不多。如果停下来扎营休息，他们很可能在没有下山之前就被饿死；如果继续前行，大部分路标早已被积雪覆盖，不仅要走许多弯路，而且每个队员身上所带的增氧设备及行李等物品都压得他们喘不过气来，步履缓慢，这样下去他们不饿死也会因疲劳而倒下。在整个探险队陷入迷茫的时候，迈克·莱恩率先丢弃所有的随身装备，只留下不多的食品，提出轻装前行。

他的这一举动几乎遭到所有队员的反对，他们认为现在到山下最快也要10天时间。这就意味着这10天里不仅不能扎营休息，还可能因缺氧而使体温下降导致冻坏肉体。那样，他们的生命都是极其危险的。面对队友的顾忌，迈克·莱恩很坚定地告诉他们说："我们必须而且只能这样做，这样的雪山天气10天甚至半个月都有可能不会好转，再拖延下去路标也会被全部掩埋。丢掉重物，就不允许我们再有任何幻想和杂念，只要我们坚定信心，徒步而行就可以提高走的速度，也许这样我们还有生的希望！"结果，队友们采纳了他的建议，一路互相鼓励，忍受疲劳、寒冷，不分昼夜，只用8天时间就到达安全地带。确实，恶劣的天气正像他所预料的那样从未好转过。

笑对人生

忧虑常常是不请自来，无法避免的，那如何才能摆脱它呢？让我们培养快乐向上的性格，来摆脱忧虑的纠缠吧！让我们以平静的心去接受不可改变的事，鼓起勇气去改变可以改变的事吧！

迪尔·休斯是一个美国兵，在1943年，他住进了一家军医院，他的肋骨断了3根，肺部被刺穿。这桩惨祸发生在夏威夷群岛的一次两栖登陆演习中。那时他正准备从小艇跳到沙滩上，不巧一阵大浪袭来，将小艇抬起，他失去了平衡，一跤摔到沙滩上，折断了3根肋骨，其中一根还刺进了他右边的肺里。

在医院里住了3个月之后，医生说他的伤势完全没有好转的迹象。他以前的生活一向十分活跃，多彩多姿，而这3个月以来，他却必须1天24小时平躺在病床上，无事可做，只能胡思乱想。他想得越多，就越烦恼：他担心自己能否恢复在这个世界上的位置；是否会终生残废；是否还能够结婚，并过正常的生活……

在经过多次的郑重思考之后，他认为，过度忧虑将使他无法复原。于是他决定给自己找事做。他先是对一种桥牌发生了浓厚兴趣，花了6个星期的时间和其他的伙伴一起切磋，还阅读了很多有关桥牌的书籍，终于把那种桥牌学会了。在以后的一段时间里，他每晚都打桥牌。后来，他又喜欢上了油画，每天下午从3点到5点，在一位教师的指导下学习这门艺术。再后来，他又尝试雕刻肥皂和木头，并阅读了许多这方面的书籍，觉得十分有趣。

他使自己十分忙碌，因此没有时间为自己的伤势担忧。到了第6个月的最后一天，医院的全体医护人员前来向他表示祝贺，说他进步很大。

后来他出院了，重新过上了正常而且健康的生活。

假如你心情抑郁，那么请记住这样一位成大事者——美国著名策划专家乔治·凯的话："用微笑打扫你抑郁的心情吧！"很多西点学员也把"笑对人生，快乐生活"作为自己的座右铭。他们这种乐观的态度和性格无不使他们的生活充满生机与阳光。和任何一个乐观的西点学员谈话，他都会给你讲出一种办法，使你感觉绝境中也可以出现生机。

有这样一个小故事：

有一个老先生，得了病，头痛、背痛、茶饭无味，萎靡不振。他吃了很多药，也不管用。这天听说来了一位著名的中医，他就去看病。名医望、闻、问一番后，给他开了一张方子，让老先生去按方抓药。老先生来到药铺，给卖药的师傅递上方子。师傅接过一看，哈哈大笑，说这方子是治妇科病的，名医犯糊涂了吧？老先生赶忙去找医生，医生却出门了，说要一个多月才能回来。老先生只好揣起方子回家。回家路上，他想糊涂医生开糊涂方，自己竟得了一种内分泌失调的妇女病，禁不住哈哈乐起来。这以后，每当想起这件事，老先生就忍不住要笑。他把这事说给家人和朋友，大家也都忍不住乐。一个月后，老先生去找医生，笑呵呵地告诉医生方子开错了。医生此时笑着说，这是他故意开错的。老先生是因肝气郁结，而引起精神抑郁及其他病症。而笑，则是他给老先生开的"特效方"。老先生这才恍然大悟。这一个月，老先生光顾着笑了，什么药也没吃，身体却好了。

看到了吗？笑对一个人的生活有着多么大的影响。它关系着我们的健康、我们的心情、我们与他人的沟通、我们事业的成败、我们生命的意义。

因此，开心地笑吧，不要使冰霜结在你的脸上！这是每个人都应该有的对于生活的态度。

我们忙忙碌碌地生活在这个世上，每一天都承受着巨大的生存压力。我们要维持自身和家庭的生活水准不至于太低；我们要时时提防天灾人祸的发生；我们面对着生老病死的困扰；我们要和形形色色的人打交道……如果我们不懂得调节自己，苦恼、忧愁、烦躁、愤怒、痛苦……这些不良的情绪就会严重地损害我们的身体和精神。就像老话说的"愁一愁，白了头。"而最好的自我调节方法——就是笑，就是乐观地生活，就是养成乐观生活的好习惯。只要你笑，就多一份觉醒，对这个世界更有安全感。世界也会分享我们的感觉。

笑对一切，乐观向上，应该是我们的处世态度，是保障成功的良好性格之一。它首先是一种乐观开朗的生活态度，是对人对己的宽容大度，是不计较得失的坦然心胸。笑的修养，也是人品的修养。强笑、装笑、皮笑肉不笑，甚至不怀好意的奸笑、得意忘形的狂笑、溜须拍马的谄笑……这些虽也是"笑"，却不是我们所需要的。

"糊糊涂涂"过一生

过于聪明的人,常是别人猜忌的对象。因为任何有所图谋的人,都不希望从事情刚开始筹划时便被识破。一旦发现有人独具慧眼,那么为了保全自己的一切,必会千方百计地掩饰。历史上古今中外,这样的事多得不胜枚举。所以一些真正有生存智慧的人,一般都采取"糊涂"的生存方法,以保护自己,那种聪明全露在外面的行为实际上才真正是愚蠢的行为。

战国时,齐国的隰斯弥去见田成子,田成子和他一起登上高台向四面眺望。三面的视野都很畅通,只有南面被隰斯弥家的树遮蔽了。田成子当时也没说什么,隰斯弥回到家里,叫人把树砍倒,没砍几下,隰斯弥又不让砍了。他的家人问:"您怎么这么快就改变主意了呢?"隰斯弥答道:"谚语说,知道深水中的鱼是不吉祥的。现在田成子将要干一件大事，事情非同小可，而我却表现出我能够在精微处察觉事情的真相，那我必然会有危险了。不砍倒树，未必有罪。而知道了别人的隐秘，那罪过和危险就不得了了。所以我才决定不把树砍倒。"

一个人的心态有时是很奇妙的，比如对某人看不顺眼，则在心理上就会产生一种深刻的排斥力。一般说来，这种心态是很难改变、很难被说服的。有时当事者本人虽然已经感到这种感觉业已过分，但就是没有办法和能力去缓解它、排除它，结果甚至可能使自己变成了它的附庸，让它牵着鼻子走。

所以，要避免自己对别人产生不顺眼的感觉，就要以预防为主，同时采取"糊涂"的生存法则。在现实生活中，看他人不顺眼的情况在生存处世中是十分普遍的。上级可以认为某个下级不顺眼，下级可能认为某位上级不顺眼，同事、朋友之间也容易产生这种问题，亲属特别是婆媳之间更有机会发生这样的矛盾，甚至就连夫妻、父子、兄弟之间也会出现这种现象。"孔雀东南飞，十里一徘徊。"古诗《孔雀东南飞》里所描写的焦仲卿的母亲对自己的儿媳刘兰芝就看不顺眼，以致不顾自己亲生儿子的一生幸福，非逼这对小夫妻活生生地分离，最后酿成儿子、儿媳双双以自杀来进行抗争的悲剧。

有个单位正在进行高级技术职称的聘任工作，由于工作需要与名额限制，有一位女工程师难以聘上。于是这位女工程师想不通了，她一再找领导反映，自己原来家庭出身贫苦，上学较晚，今年已经54岁，如果这次聘不上，等到退休以后就没有机会了。她还表示，如果领导把这层道理向有关方面以及将被聘上的同志讲明白，他们一定是会理解的，也一定能增加一个名额或情愿让出一个名额，照顾给她，因为有些被聘任的同志还比较年轻，会有更多的机会。

她的提法经领导认真研究之后，却得出了另外的结论：第一，技术职务的聘任是根据工作需要而不是照顾关系用的，在一般条件下也不应以是否快退休作为可否聘任的前提。第二，按照技术和工作需要排除，即使再增加一些名额，也轮不到这位女工程师，当然更不能牺牲原则，为个别人提供方便。第三，无法去动员已被聘上的同志让出名额，照顾某人，对于这种问题，作为负责人是无法启齿的，因为它不符合技术聘任工作的精神与原则。

当领导把这些意见如实地转达给这位女工程师之后，她失望了，同时表示无法接受。她认为领导太缺乏人情味儿，是对她存有成见，借此要挟。一时间她情绪一落千丈，干脆放下手头工作，哭哭啼啼，以示抗议，同时又一次次去找人事、总工乃至更上一层领导进行辩解、申诉，顺便也告本单位领导一状。但是事出意外，她不但未获得任何支持，相反还得到与原领导所谈大致相同的结论。这一下对她的打击太大了，从此她沉默寡言，抑郁寡欢，不管对谁都爱发脾气，不久又得了一场大病。虽然在病中，本部门领导和同志都曾给予热情的照顾与关怀，但是依然未能消除她心中的创伤与思想中的成见。最后，她终于带着本部门领导不通人情，对自己怀有成见的包袱退休了。可以预见，这个恼人的念头将会一直伴随她的后半生，给她带来长远的痛苦。

拥抱痛苦

西方流行一个寓言：

一座泥像立在路边，历经风吹雨打。它多么想找个地方避避风雨，然而它无法动弹，也无法呼喊，它太羡慕人类了，它觉得做一个人，可以无忧无虑、自由自在地到处奔跑，那是多么美好的一件事。它决定抓住一切机会，向人类呼救。

有一天，智者圣约翰路过此地，泥像用它的神情向圣约翰发出呼救。

"智者，请让我变成人吧！"圣约翰看了看泥像，微微笑了笑，然后衣袖一挥，泥像立刻变成了一个活生生的青年。

"你要想变成人可以，但是你必须先跟我试走一下人生之路，假如你受不了人生的痛苦，我马上可以把你还原。"智者圣约翰说。

于是，青年跟智者圣约翰来到一个悬崖边。"现在，请你从此岩走向彼岩吧！"圣约翰长袖一拂，已经将青年推上了铁索桥。

青年战战兢兢，踩着一个个大小不同链环的边缘前行，然而一不小心，一下子跌进了一个链环之中，顿时，两腿悬空，胸部被链环卡得紧紧的，几乎透不过气来。

"啊！好痛苦呀！快救命呀！"青年挥动双臂大声呼救。

"请君自救吧。在这条路上，能够救你的，只有你自己。"圣约翰在前方微笑着说。

青年扭动身躯，奋力挣扎，好不容易才从这痛苦之环中挣扎出来。

"你是什么链环，为何卡得我如此痛苦？"青年愤然道。

"我是名利之环。"脚下铁链答道。

青年继续朝前去。忽然，隐约间，一个绝色美女朝青年嫣然一笑，然后飘然而去，不见踪影。

青年稍一走神，脚下又一滑，又跌入一个环中，被链环死死卡住。

可是四周一片寂静，没有一个人回应，没有一个人来救他。

这时，圣约翰再次在前方出现，他微笑着缓缓道：

"在这条路上，没有人可以救你，只有你自己自救。"

青年拼尽力气，总算从这个环中挣扎了出来，然而他已累得筋疲力竭，坐在两个链环间小憩。

"刚才这是个什么痛苦之环呢？"青年想。

"我是美色链环。"脚下的链环答道。

经过一阵轻松的休息后，青年顿觉神清气爽，心中充满幸福愉快的感觉，他为自己终于从链环中挣扎出来而庆幸。

青年继续向前走，然而没想到他又接连掉进了欲望的链环、嫉妒的链环……待他从这一个个痛苦之中挣扎出来，青年已经完全疲惫不堪了。抬头望望，前面还有漫长的一段路，他再也没有勇气走下去。

"智者！我不想再走了，你还是带我回原来的地方吧。"青年呼唤着。

智者圣约翰出现了，他长袖一挥，青年便回到了路边。

"人生虽然有许多痛苦，但也有战胜痛苦之后的欢乐和轻松，你难道真愿意放弃人生么？"

"人生之路痛苦太多，欢乐和愉快太短暂太少了，我决定放弃做人，还原为泥像。"青年毫不犹豫地说。

智者圣约翰长袖一挥，青年又还原为一尊泥像。"我从此再也不受人世的痛苦了。"泥像想。

然而不久，泥像被一场大雨冲成一堆烂泥。

信念不死，希望永存

模特儿出身的古巴美女奎罗特，在古巴是最红的体育明星之一。在1989年赛季中，她保持了在800米决赛中39次连胜的罕见记录，并被国际田联评为当年的世界最佳女选手。在1991年的夏天，奎罗特在哈瓦那举行的泛美运动会上，一举打破了400米和800米的大会纪录，她的胜利使古巴第一次在大型运动会的金牌榜上超过了死对头美国。这对于古巴人来说，绝不只是体育上的胜利。

然而，噩运却降临到奎罗特的头上。在1993年初的一次意外中，她被烈火焚烧，面容被毁，全身三度烧伤。深褐色的伤疤像火山喷射后的地面，纵横扭曲，在奎罗特昔日美丽的面颊、脖颈、肩头和手臂上刻下丑陋的伤痕，一个妙龄少女一夜间变成了丑八怪。祸不单行的是，奎罗特被烧伤10天后，怀孕 6 个月的女婴又引产夭折了，同时孩子的父亲也狠心地离开了她。这种打击对于一个女人来说无疑是晴天霹雳。

奎罗特虽然奇迹般地活了过来，但心里却十分绝望。她的手指无法弯曲，胳膊无法抬起来梳头，烧伤的左脸经过植皮后像戴着假面具般平滑，脖子不能自由转动。看到镜中丑陋的自己，她几次都想到了自杀。然而，顽强的意志一直支持着她。在赛场上锻炼出来的忍耐力也发挥了极大的作用，她的心境渐渐地平静下来。

只要信念不死，希望就永存。奎罗特又振奋起来。她的教练希威尔来医院看望她。隔着病房的玻璃向她招手。奎罗特冲他轻轻地拍着大腿，表示她的双腿依然安好无损。她要向厄运挑战。

植皮手术后两个月，她便开始做操、骑马，在医院的楼梯上跑上跑下。再过一个月，她居然出院了。看护她的一个护士说："我真不敢相信她会重新跑步。但在她开始训练时，我意识到她一定会成功，因为她有着超人的意志。她的病情恢复得惊人得快。"

5 月 13 日，也就是烧伤不到 4 个月的一天清晨，奎罗特解开脖子上的托架，拆掉手臂上的绷带，在朝霞中重返跑道。她绕着体育场跑了 5 圈。下来后，她新长的皮肤瘙痒无比，烧伤的手臂也非常疼痛。但她无比兴奋地说："我又能跑了！"

11月份，奎罗特参加了伤后的第一场比赛。在波多黎各举行的中美及加勒比海区运动会的800米比赛中，脖子和手臂上还有焦疤的奎罗特以2分5秒22的成绩赢得了银牌。回国后，古巴总统卡斯特罗为运动员庆功时赞扬奎罗特说："这是我们有生以来见到的最令人难以忘怀的事情。奎罗特虽然只赢了银牌，但她以勇敢的精神赢得比金牌还宝贵的东西。"这位大胡子总统眼含热泪地拥抱了奎罗特。

奎罗特也认为这是一次永难忘怀的比赛。"我只能直着脖子跑，既不能左右转，也不能向上动，我觉得自己像个笨拙的机器人。许多人以为我不能再比赛，更别说是拿到奖牌。我就是要用行动来向世界证明——残疾人也能创造奇迹。"

然而，真正的奇迹诞生在哥德堡的世界田径锦标赛上。1995年8月13日，从烈火中跑出来的奎罗特站在世界强手如林的800米赛场上，她的脸上、手臂上依然是伤疤累累。这样一个残疾人能参加世界大赛已经是个奇迹，许多人都不忍细看这个受难者。发令枪响后，奎罗特在别人后面不动声色地跟着。受过伤的脸上没有汗水，一半暗红、一半鲜亮。但是，她那双眼睛射着逼人的光芒。在跑到离终点100米的直道上，奎罗特富有弹性的步伐突然加快，谁都没有料到这位古巴人会冲上来，而且具备如此强劲的冲击力。在一片惊呼声中，奎罗特首先撞线。"1分56秒11"，她跑出了1995

年世界最好成绩！

她的努力并没有停止，在1996年的亚特兰大奥运会上，她又夺得了800米的银牌。人们为她喝彩，古巴人也以她为荣。她坚定的信念使她在面临巨大的不幸后重新燃起了生的希望，她不仅仅是古巴人心中的女英雄，她还应该是全人类的骄傲。

做事可以失败，做人不能失败

英雄可以被毁灭，但是不能被击败；英雄的肉体可以被毁灭，可是英雄的精神和斗志则永远在战斗。很多人告诉自己："我已经尝试过了，不幸的是我失败了。"其实他们可能没有搞清楚失败的真正含义。

大部分人在一生中都不会一帆风顺，难免会遭受挫折和不幸。但是成功者和失败者非常重要的一个区别就是：失败者总是把挫折当成失败，从而使每次挫折都会动摇他胜利的信念；成功者则是从不言败，在一次又一次挫折面前，总是对自己说："我不是失败了，而是还没有成功。"一个暂时失利的人，如果继续努力，打算赢回来，那么他今天的失利，就不是真正失败。相反的，如果他失去了再战斗的勇气，那就是真输了！

美国著名电台广播员莎莉·拉菲尔在她 30 年职业生涯中，

曾经被辞退18次，可是她每次都放眼最高处，确立更远大的目标。最初由于美国大部分的无线电台认为女性不能吸引观众，没有一家电台愿意雇佣她。她好不容易在纽约的一家电台谋求到一份差事，不久又遭辞退，说她跟不上时代。莎莉并没有因此而灰心丧气。她总结了失败的教训之后，又向国家广播公司电台推销她的节目构想。电台勉强答应了，但提出要她先在政治台主持节目。"我对政治所知不多，恐怕很难成功。"她也一度犹豫，但坚定的信心促使她去大胆地尝试了。她对广播早已经轻车熟路了，于是她利用自己的长处和平易近人的性格，大谈即将到来的7月4日国庆节对她自己有何种意义，还请观众打电话来畅谈他们的感受。听众立刻对这个节目产生兴趣，她也因此而一举成名了。如今，莎莉·拉菲尔已经成为自办电视节目的主持人，曾两度获得重要的主持人奖项。她说："我被人辞退18次，本来可能被这些厄运吓退，做不成我想做的事情。结果相反，我让它们鞭策我勇往直前。"

有些人总把眼光拘泥于挫折的痛感之上，他就很难再抽出身来想一想自己下一步如何努力，最后如何成功。一个拳击运动员说："当你的左眼被打伤时，右眼还得睁得大大的，才能够看清敌人，也才能够有机会还手。如果右眼同时闭上，那么不但右眼也要挨拳，恐怕连命都难保！"拳击就是这样，即使面对对手无比强劲的攻击，你还是得睁大眼睛面对受伤的感觉，如果不是这样的话，一定会败得更惨。其实人生又何尝不是这样呢？

　　大哲学家尼采说过："受苦的人，没有悲观的权利。"已经受苦了，为什么还要被剥夺悲观的权利呢？因为受苦的人，必须克服困境，悲伤和哭泣只能加重伤痛，所以不但不能悲观，而且要比别人更积极。在冰天雪地中历险的人都知道，凡是在途中说："我撑不下去了，让我躺下来喘口气"的同伴，很快就会死亡，因为当他不再走、不再动时，他的体温就会迅速地降低，接着很快就会被冻死。可不是吗？在人生的战场上，如果失去了跌倒以后再爬起来的勇气，我们就只能得到彻底的失败。

只有意志坚强，才能拒绝被打败

美国著名性格心理学家威廉·詹姆斯说过："世界由两类人组成：一类是意志坚强的人，另一类是心志薄弱的人。后者面临困难挫折时总是逃避，畏缩不前；面对批评，他们极易受到伤害，从而灰心丧气，等待他们的也只有痛苦和失败。但意志坚强的人不会这样。他们来自各行各业，有体力劳动者，有商人，有母亲，有父亲，有教师，有老人，也有年轻人，然而内心中都有股与生俱来的坚强特质。所谓坚强特质，是指在面对一切困难时，仍有内在勇气承担外来的考验。"

在纽约附近有一个小镇，镇上有一位名叫罗伯茨的男孩，他十分可爱，也是位真正的男子汉，一个真正意志坚强的人。他是个天生顶尖的运动好手。不过在他刚入中学不久腿就瘸了，并迅速恶化为癌症。医生告诉他必须动手术，他的一条腿便被切掉了。出院后，他拄着拐杖返回学校，高兴地告诉朋友们，说他将会安上一条木头做的腿："到时候，我便可以用图钉将袜子钉在腿上，你们谁都做不到。"

足球赛季一开始，罗伯茨立刻回去找教练，问他是否可以当球队的管理员。在练球的几星期中，他每天都准时到球场，并带着教练训练攻守的沙盘模型。他的勇气和毅力迅速感染了全体队员。有一天下午他没来参加训练，教练非常着急。后来才知道他又进医院做检查了，并得知罗伯茨的病情已恶化为肺癌。医生说："罗伯茨只能活六周了。"罗伯茨的父母决定不要将此事告诉他。他们希望在罗伯茨生命最后的时期，能尽量让他正常过日子。所以，罗伯茨又回到球场上，带着满脸笑容来看其他队员练球，给其他队员加油鼓励。因为他的鼓励，球队在整个赛季中保持了全胜的纪录。为庆祝胜利，他们决定举行庆功宴，准备送一个全体球员签名的足球给罗伯茨。但是餐会并不圆满，因罗伯茨身体太虚弱没能来参加。

几周后，罗伯茨又回来了。他这次是来看足球赛的。他脸色十分苍白，除此之外，仍是老样子，满脸笑容，和朋友们有说有笑。比赛结束后，他到教练的办公室，整个足球队的队员都在那里。教练还轻声地问他："怎么没有来参加餐会？""教练，你不知道我正在节食吗？"他的笑容掩盖了脸上的苍白。其中一位队员拿出要送他的胜利足球，说道："罗伯茨，都是因为你，我们才能获胜。"罗伯茨含着眼泪，轻声道谢。

教练、罗伯茨和其他队员谈到下个赛季的计划，然后大家互相道别。罗伯茨走到门口，以坚定冷静的目光回头看着教练说："再见，教练！""你的意思是说，我们明天见，对不对？"教练问。罗伯茨的眼睛亮了起来，坚定的目光化为一种微笑，"别替我担心，我没事！"说完话，他便离开了。

两天后，罗伯茨离开了人世。原来罗伯茨早就知道了他的死期，但他却能坦然接受。这说明他是个性格刚毅、意志坚强、积极思考的人。他将悲惨的事实化为富有创意的生活体验。他不像鸵鸟般将头埋进沙堆，逃避事实。他完全接受了命运，决定不让自己被病痛击倒，虽然，他的生命如此短暂，却仍能把握它，把勇气、信仰与欢笑永远留在他所认识的人们心中。一个能做到这一点的人，你还能说他的一生失败了吗？

相信自己一定能行

"日复一日,我会在各方面干得越来越好"。这是法国心理疗法专家埃米尔·库埃的名言。在 20 世纪 20 年代的英国和美国,这句话被成千上万的英国人反复念叨。当时,这是人们每天必不可少的事情。人们在每天规定的时间内重复这句话,每当头脑中闪现这一想法时也重复这句话。他们相信这样做能够增强自信,为事业和生活的成功做准备。

爱默生说:"自信是成功的第一秘诀。"自信能够产生一种巨大的力量,它的确能推动我们走向成功。

美国学者查尔斯 12 岁时,在一个细雨霏霏的星期天下午,在纸上胡乱画,画了一幅菲力猫,它是大家所喜欢的喜剧连环漫画上的角色。他把书拿给了父亲。当时这样做有点鲁莽,因为每到星期天下午,父亲就拿着一大堆阅读材料和一袋无花果独自躲到他们家所谓的客厅里,关上门去忙他的事。他不喜欢有人打扰。

但这个星期天下午,他却把报纸放到一边,仔细地看着这幅画。"棒极了,查克,这画是你徒手画的吗?""是的。"父亲认真打量着画,点着头表示赞赏,查尔斯在一边激动得全身发抖。父亲几乎从没说过表扬的话,很少鼓励他们五兄妹。他把画还给查尔斯,重新拿起他的报纸。"在绘画上你很有天赋,坚持下去!"从那天起,查尔斯看见什么就画什么,把练习本都画满了,对老师所教的东西毫不在乎。

父亲离家后,查尔斯只有自己想办法过日子,并时常给他寄去一些认为吸引他的素描画并眼巴巴地等着他的回信。父亲很少写信,但当他回信时,其中的任何表扬都让查尔斯兴奋几个星期,他相信自己将来一定会有所成就。

在经济大萧条那段最困难时期,父亲去世了,除了福利金,查尔斯没有别的经济收入,他17岁时只好离开学校。受到父亲留给他的话语鼓励,画了三幅画,画的都是多伦多枫乐曲棍球队里声名大噪的"少年队员"琼·普里穆、哈尔维、"二流球手"杰克逊和查克·康纳彻,并且在没有约定的情况下把画交给了当时《多伦多环球邮政报》的体育编辑迈克·洛登,第二天迈克·洛登便雇用了查尔斯。在以后的4年里,查尔斯每天都给《多伦多环球邮政报》体育版画上一幅画,那是查尔斯的第一份工作。

美国作家查尔斯到了55岁时还没写过小说,也不打算这样做。在向一个国际财团申请电缆电视网执照时他才有了这样的想法。当时,一个在管理部门的朋友打电话来,说他的申请可能被拒绝,查尔斯突然面临着这样一个问题:"我今后怎么办?"查阅了一些卷宗后,查尔斯偶尔为自己写下备忘录,其中是十几句字体潦草的句子,写下了一部电影的基本情节。他在办公室里静静地坐了一会儿,思索着是否该把这项工作继续下去,最后拿起话筒,给他的朋友、小说家阿瑟·黑利挂了个电话。"阿瑟,"查尔斯说,"我有一个自认为不寻常的想法,我准备把它写成电影。我怎样才能把它交到某个经纪人或制片商或任何能使它拍成电影的人手里?""查尔斯,那条路子成功的机会几乎等于零。即使你找到某人采用你的想法并把它变为现实,我猜想你的这个故事梗概所得的报酬也不会很大。你确信那真是个不同寻常的想法吗?""是的。""那么,如果你确信,哦,提醒你,你一定要确信,为它押上一年时间的赌注。把它写成小说,如果你能做到这一点,你会从小说中得到收入,如果很成功,你就能把它卖给制片商,得到更多的钱,这是故事梗概远远不能做到的。"查尔斯放下话筒,漫步走了好长一段路:"我有写小说的天赋和耐心吗?"当他这样沉思时,他越来越有信心办成。他看见自己进行调查、安排情节、描写人物、开始撰写、然后润色……他要为它赌上一年时间。

一年零三个月后小说完成了,它在加拿大的麦克莱兰和斯图尔特公司得到出版，在美国的西蒙公司、舒斯特和艾玛袖珍图书公司得到出版，在大不列颠、意大利、荷兰、日本和阿根廷得到出版。结果，它被拍成电影——《绑架总统》，由威廉·沙特纳、哈尔·霍尔布鲁克、阿瓦，加德纳和凡·约翰逊主演。此后，查尔斯写了 5 部小说。

假如你有自信，你就会获得比你梦想的要多得多的成功。

1926 年，毕业于东京大学法律系的大村文年进入"三菱矿业"成为一名小职员。当公司为新人举行欢迎会时，他对那些与他同时进入公司的同事说："我将来一定要成为这家公司的总经理。"

他在豪言壮语之后，开始了他的长远计划。凭其旺盛的斗志与惊人的体力，数十年如一日，孜孜不倦地工作，如今当然远远超过众多资深的干部与同事，在毫无派系背景之下，完全凭借自己实力，中破险境，终于在 35 年之后当上"三菱矿业"的总经理。以三菱财阀的历史而言，未到 60 岁就成为直系公司的总经理，可说是史无前例。他的就职惊动了日本工商界人士，人们内心无不惊讶，并深感佩服。

无独有偶，在 1949 年，一位 24 岁的年轻人，充满自信地走进美国通用汽车公司，应聘做会计工作，他只是为了父亲曾说过的"通用汽车公司是一家经营良好的公司"，并建议他去看一看。在应试时，他的自信使助理会计检察官印象十分深刻。当时只有一个空缺，而应试员告诉他，那个职位十分艰苦难当，一个新手可能很难应付得来，但他当时只有一个念头，即进入通用汽车公司，展现他足以胜任的能力与超人的规划能力。

当应试员在雇佣这位年轻人之后，曾对他的秘书说过，"我刚刚雇佣一个想成为通用汽车公司董事长的人"！这位年轻人就是在1981年出任通用汽车董事长的罗杰·史密斯。

罗杰刚进公司的第一位朋友阿特·韦斯特回忆说："合作的一个月中，罗杰正经地告诉我，他将来要成为通用的总裁。"高度的自信，指示他要永远朝成功迈进，也是引导他经由财务阶梯登上董事长的法宝。

最好的伯乐是你自己

我们每一个人都有一座自我的宝藏，差别只在有的人开掘了自己的宝藏，有的人空有宝山而不知。殊不知，其实最好的伯乐是你自己。

你不能决定生命的长度，但是你可以控制它的宽度；你不能左右天气，但是你可以改变心情；你不能改变容貌，但是你可以展现笑容；你不能控制他人，但是你可以掌握自己；你不能预知明天，但是你可以利用今天；你不能样样胜利，但是你可以事事尽力；你不能……但是你可以……

意大利画家达·芬奇做学徒的时候，才华深潜未露。当时他的老师是位很有名望的画家，年老多病，作画时常感力不从心。一天，他要达·芬奇替他画一幅未完成的作品，年轻的达·芬奇只是一个学徒，他十分崇敬老师的为人和作品，他根本不敢接受老师的任务。他没有自信去画，更害怕把老师的作品毁了。可是，老画家不管达·芬奇怎么说，一定要让他画。最后，达·芬奇战战兢兢地拿起了画笔，很快，他进入了物我两忘的境地，内心的艺术感受喷涌而出。画完成后，老画家来画室评鉴他的画，当他看到达·芬奇的作品时，惊讶地说不出话来。他把年轻的达·芬奇抱住："有了你，我从此不用作画了。"此后，达芬奇找回了自信，他的才能得到最大限度地发挥，终成一代大师。

达·芬奇的故事告诉我们，人有时候无法了解自己。在一项充满挑战的工作面前，大多数人会觉得自己没有本事，没有能力去完成，这样我们就会永远活在自己设置的阴影里。其实，尝试一下，可以使我们发现自己生命中优秀的潜能。

绝大多数失败的人，都是陷于半途而废的泥潭，而所有成功的人，几乎都是从倦怠的泥潭中突围出来的。世上没有等来的伯乐，最好的伯乐往往是你自己。

有这样一个动人的传说。古希腊的大哲学家苏格拉底在临终前有一个不小的遗憾：他多年的得力助手，居然在半年多的时间里没能给他寻找到一个优秀的闭门弟子。

事情是这样的：苏格拉底在风烛残年之际，知道自己时日不多了，就想考验和点化一下他的那位平时看来很不错的助手。他把助手叫到床前说："我的蜡烛所剩不多了，得找另一根蜡烛接着点下去，你明白我的意思吗？"

"明白，"那位助手赶快说，"您的思想光辉得很好地传承下去……"

"可是，"苏格拉底慢悠悠地说，"我需要一位优秀的承传者，他不但要有相当的智慧，还必须有充分的信心和非凡的勇气……这样的人选直到目前我还未见到，你帮我寻找和发掘一位好吗？"

"好的，好的。"助手很温顺很尊重地说，"我一定竭尽全力地去寻找，不辜负您的栽培和信任。"苏格拉底笑了笑，没再说什么。

那位忠诚而勤奋的助手，不辞辛劳地通过各种渠道开始四处寻找了。可他领来一位又一位，总被苏格拉底一一婉言谢绝了。有一次，当那位助手再次无功而返地回到苏格拉底病床前时，病入膏肓的苏格拉底硬撑着坐起来，抚着那位助手的肩膀说："真是辛苦你了，不过，你找来的那些人，其实还不如你……"

苏格拉底笑笑，不再说话。

半年之后，苏格拉底眼看就要告别人世，最优秀的人选还是没有眉目。助手非常惭愧，泪流满面地坐在病床边，语气沉重地说："我真对不起您，令您失望了！"

"失望的是我，对不起的却是你自己。"苏格拉底说到这里，很失意地闭上眼睛，停顿了许久，才又不无哀怨地说，"本来，最优秀的人就是你自己，只是你不敢相信自己，才把自己给忽略了，不知道如何发掘和重用自己……"话没说完，一代哲人永远离开了他曾经深切关注着的这个世界。

虽然这只是一个传说，但其中深刻的寓意却让我们每一个人感慨至今。

想获得成功，首先要充满自信

只要消除了自卑感，充满信心地进行努力，你就能克服一切障碍，适应任何环境！

任何有声誉的作家也有失误的时候。1842 年 3 月，在百老汇的社会图书馆里，著名作家爱默生的演讲感动了年轻的惠特曼："谁说我们美国没有自己的诗篇呢？我们的诗人文豪就在这儿呢！……"这位身材高大的当代大文豪的一席慷慨激昂、振奋人心的讲话使台下的惠特曼激动不已，热血在他的胸中沸腾，他浑身升腾起一股力量和无比坚定的信念，他要渗入各个领域、各个阶层、各种生活方式。他要倾听大地的、人民的、民族的心声，去创作新的不同凡响的诗篇。

1854 年，惠特曼的《草叶集》问世了。这本诗集热情奔放，冲破了传统格律的束缚，用新的形式表达了民主思想和对种族、民族和社会压迫的强烈抗议。它对美国和欧洲诗歌的发展起了巨大的影响。

《草叶集》的出版使远在康科德的爱默生激动不已。国人期待已久的美国诗人在眼前诞生了，他给予这些诗以极高的评价，称这些诗是"属于美国的诗"，"是奇妙的"、"有着无法形容的魔力"，"有可怕的眼睛和水牛的精神"。

《草叶集》受到爱默生这样很有声誉的作家的褒扬，使得一些本来把它评价得一无是处的报刊马上换了口气，温和了起来。但是惠特曼那创新的写法，不押韵的格式，新颖的思想内容，并非那么容易被大众所接受，他的《草叶集》并未因爱默生的赞扬而畅销。然而，惠特曼却从中增添了信心和勇气。1855年底，他刊印起了第二版，在这版中他又加进了20首新诗。1860年，当惠特曼决定印行第三版《草叶集》，并将补进些新作时，爱默生竭力劝阻惠特曼取消其中几首刻画"性"的诗歌，否则第三版将不会畅销。惠特曼却不以为然地对爱默生说："那么删后还会是这么好的书么？"爱默生反驳说："我没说'这'是本好书，我说删了就是本好书！"执著的惠特曼仍是不肯让步，他对爱默生表示："在我灵魂深处，我的意念是不服从任何的束缚，而是走自己的路。《草叶集》是不会被删改的，任由它自己繁荣和枯萎吧！"他又说："世上最脏的书就是被删灭过的书，删减意味着道歉、投降……"

第三版《草叶集》出版并获得了巨大的成功。不久，它便跨越了国界，传到英格兰，传到世界许多地方。惠特曼成功了，因为他对自己的作品充满信心。

树立坚定的自信心，努力奋斗，不仅会使人在事业上不断进取，达到预期目标，而且能使人在性格上重塑自我，增添人格的魅力，去争取并获得友谊与爱情的幸福。

在文学名著《简·爱》中，财大气粗、性格孤僻的庄园主罗杰斯特，怎么会爱上地位低下而又其貌不扬的家庭教师简·爱呢？因为简·爱自信自尊，富有人格的魅力。当主人罗杰斯特向她吼叫"我有权蔑视你"的时候，历经磨难的简·爱用充满超人的自信和自尊及由此带来的镇静的语气回答："你以为我穷，不好看，就没有感情吗？……我们的精神是平等的，就如同你和我将经过坟墓，同样地站在上帝面前。"正是这种自信的气质，使她获得了罗杰斯特由衷的敬佩和深深的爱恋。简·爱这个普通妇女的艺术形象，之所以能够震撼和感染一代又一代各国读者的心灵，正是她以自信和自尊为人生的支柱，才使自己的人格魅力得以充分展现。相貌平平者，不必再为你的貌不惊人而烦恼，因为"一个人越自信，他的性格越迷人"。增加几分自信，你便增加了几分魅力。

凡事做了就有可能

有人说，记忆是我们心中唯一的聚宝盆，珍藏着我们经历的所有宝贵的经验。果真如此的话，那么奥格一生最大的财富就是认识了撒该，他这个人正是《圣经》上所说的"公义"和圣洁的化身。

奥格和撒该第一次见面，已经是很久以前的事了。他们当时年纪还小，奥格被继父鞭打，下定决心不再受他继父的气了，就逃到耶利哥城。在拥挤的集市里，他坐在一张石凳上，前途茫茫，顾影自怜。就在这时，他看到了撒该，撒该一个人扛着几根红杉木材走过来，由于杉木又重又长，撒该一路跌跌撞撞，步履蹒跚，不断调整步伐以保持平衡。身负重物的他，实在有碍过路人的安全，所以惹来许多人的咒骂。

撒该在木材的压迫下，弯腰驼背不胜负荷，但是当他经过奥格身旁时，奥格听到撒该嘴里竟然哼唱着歌。奥格满头雾水，不知道这个可怜人究竟在唱些什么。说时迟那时快，他就在奥格眼前被石头绊倒了，身子被压在沉甸甸的木头下。

尽管奥格心里同情，替他难过万分，但并不想卷入别人的是非漩涡里。可是，眼看其他过路人都视若无睹，奥格只好走上前去，把压在他身上的木头移开。他的脸流血了，奥格跪在他身旁，用外衣的衣摆擦拭他前额破裂的伤口。他终于咕哝着发出一些我听不懂的含混声音。附近一个水果摊的妇人，好心地拿了一勺水和一块碎布，合力洗净他的脸庞，直到他的眼睛慢慢睁开，随后他便很快坐起身来。

撒该羞怯地露齿微笑，用手摸摸头顶。奥格好奇地注视他青筋暴露的手臂肌肉，在耀眼的阳光下起伏。

"他们嘲笑我，说我不可能一口气扛起7根木头。"撒该讪讪地说。

"什么？"

"木材行的人告诉我，像我这种体型的人不可能一次扛起7根木头，但我不相信。一个人不尝试，怎么会知道自己的能力究竟有多大？"撒该回答道。

奥格点点头然后走开了。大约走了20步，好奇心驱使奥格回头再看看他。于是奥格转过头，简直无法相信亲眼看到的场面，他竟然又把木头一根根堆起来。想要再举到肩上扛起来走。"真是笨！"奥格心里暗骂道，但却莫名其妙地跑向他说：

"老兄啊，你为什么还要再尝试这件不可能的工作呢？"

撒该把最后一根木头重重地放到地上，双手叉腰站着，端详奥格好一会儿，才缓缓地说："天下没有不可能做得到的事，除非你自己认为这是不可能的。"

奥格迟疑了一下，竟然听见他自己说："我来帮你的忙吧！反正现在没什么事。我们把这些木头堆起来，两端绑好，这样我们可以各搬一头。"

撒该张开嘴巴，但却欲言又止。木头绑紧之后，他举起前端，奥格费力地举起后端，他们俩人一齐扛起这堆难缠的木头。一路上他们休息了好几次，至于走到郊区，把木头竖在去往法撒利斯的路旁，这就是他建立的第一个路边商店。

以后的半个世纪里，他们彼此几乎没有须臾分离——一旦对方需要帮助，他们随时准备为对方分忧解难。真正的朋友永远不是机会的产物，他们永远是上帝的赐予。

成功不如我们想象的复杂

有一个人去应征工作,随手将走廊上的纸屑捡起来,放进了垃圾桶,被路过的口试官看到了,因此他得到了这份工作。

原来获得赏识很简单,养成好习惯就可以了。

有个小弟在脚踏车店当学徒,有人送来一部有故障的脚踏车,小弟除了将车修好,还把车子整理得漂亮如新,其他学徒笑他多此一举,后来雇主将脚踏车领回去的第二天,小弟被挖角到那位雇主的公司上班。

原来出人头地很简单,吃点亏就可以了。

有个小孩对母亲说:"妈妈你今天好漂亮。"母亲回答:"为什么。"小孩说:"因为妈妈今天都没有生气。"

原来要拥有漂亮很简单,只要不生气就可以了。

有个牧场主人,叫他孩子每天在牧场上辛勤的工作,朋友对他说:"你不需要让孩子如此辛苦,农作物一样会长得很好的。"牧场主人回答说:"我不是在培养农作物,我是在培养我的孩子。"

原来培养孩子很简单,让他吃点苦头就可以了。

有一个网球教练对学生说:"如果一个网球掉进草堆,应该如何找?"有人答:"从草堆中心线开始找。"有人答:"从草堆的最凹处开始找。"有人答:"从草最长的地方开始找。"教练宣布正确答案:"按部就班地从草地的一头,搜寻到草地的另一头。"

原来寻找成功的方法很简单,从一数到十不要跳过就可以了。

有一家商店经常灯火通明,有人问:"你们店里到底是用什么牌子的灯管?那么耐用。"店家回答说:"我们的灯管也常常坏,只是我们坏了就换而已。"

原来保持明亮的方法很简单,只要常常更换就可以了。

住在田边的青蛙对住在路边的青蛙说:"你这里太危险,搬来跟我住吧!"路边的青蛙说:"我已经习惯了,懒得搬了。"几天后,田边的青蛙去探望路边的青蛙,却发现他已被车子压死,暴尸在马路上。

原来掌握命运的方法很简单,远离懒惰就可以了。

有一只小鸡破壳而出的时候,刚好有只乌龟经过,从此以后小鸡就背着蛋壳过一生。

原来脱离沉重的负荷很简单，放弃固执成见就可以了。

有几个小孩很想当天使，上帝给他们一人一个烛台，叫他们要保持光亮，结果一天两天过去了，上帝都没来，所有小孩已不再擦拭那烛台，有一天上帝突然造访，每个人的烛台都蒙上厚厚的灰尘，只有一个小孩大家都叫他笨小孩，因为上帝没来，他也每天都擦拭，结果这个笨小孩成了天使。

原来当天使很简单，只要实实在在去做就可以了。

有只小狗，向神请求做他的门徒，神欣然答应，刚好有一头小牛由泥沼里爬出来，浑身都是泥泞，神对小狗说："去帮他洗洗身子吧！"小狗讶异的答道："我是神的门徒，怎么能去侍候那脏兮兮的小牛呢！"神说："你不去侍候别人，别人怎会知道你是我的门徒呢！"

原来要变成神很简单，只要真心付出就可以了。

有一支掏金队伍在沙漠中行走，大家都步伐沉重，痛苦不堪，只有一人快乐的走着，别人问："你为何如此惬意？"他笑着："因为我带的东西最少。"

原来快乐很简单，拥有少一点就可以了。

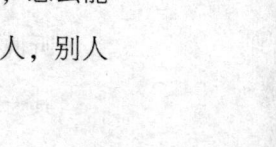

成功只在一念之间

听说了两个沙子的故事。

其一是一位鞋厂老总,欲提升两位青年员工之一为中层骨干。给了他们一个任务:到一个贫穷的沙漠城市去推销一款新式运动鞋。第一位员工看到当地的男女老幼都不穿鞋子,就不假思索地给厂里发了一份电报:"毫无希望。此地无人穿运动鞋!"而第二位员工调查的内容刚刚相反:"此地每人都需要鞋子穿,大有市场!"最后,老总的目光定格在第二位员工身上。一年之后。那个城市的男女老幼都穿上了他们生产的运动鞋。自然,第二位员工成为了中层骨干。

单从电报的内容上看。两位员工都没有说假话。其间的关键,是一样的现状,引发不一样的观念,进而导致了截然不同的结果。

其二是一位 22 岁的肯尼亚小伙莫西。2002 年的一天，莫西的家乡来了一位特殊的游客——荷兰企业家布隆贝格。莫西家乡那些一无所有的沙垄在布隆贝格眼里像个宝贝，整整一天他拿着数码相机拍个不停。莫西被这个新玩意儿吸引了，贝格见他喜欢，就将相机送给了他。

自从有了数码相机之后，莫西家里一下多了很多朋友，这年春天，莫西决定拍一组沙漠的照片寄给老朋友。他照例爬上那片熟悉的沙丘上，发现几个孩子正在上面写字，镜头里那些写在沙子上的字体古色古香，有一种特殊的质感和艺术感。莫西当即让那几个孩子在沙垄上写上布隆贝格的名字。然后拍成照片寄过去。

一个月后，莫西收到了布隆贝格的回信，原来，不光是布隆贝格，包括他的朋友，都对那张沙垄名字照片表现出极大的兴趣。他们要求莫西在上面写出自己和亲朋好友的名字，然后拍成照片寄过来。莫西当即想了个点子：让布隆贝格在周围人群里做广告，联合更多的朋友来拍写有自己名字的沙垄照片。将它推向市场，这与布隆贝格的想法不谋而合。到这一年年底。一种写在沙垄上、用六国语言书写收件人名字的贺卡开始在荷兰继而在欧洲风行，它的照片底价一度炒到了每张 12.5 欧元。

转变观念，善于发现，沙子与金子，原来只是一字之差，一步之遥。

从乞丐到芝加哥的富翁

美国从事个性分析的专家罗伯特·菲力浦,有一次在办公室接待了一个因自己开办的企业倒闭、负债累累、离开妻女到处流浪的流浪者。那人进门打招呼说:"我来这儿,是想见见这本书的作者。"说话时,他已经从口袋里拿出一本名为《自信心》的书,那是罗伯特许多年前写的。流浪者继续说:"一定是命运之神在昨天下午把这本书放入我的口袋中的,因为我当时决定跳到密西根湖,了此残生。我已经看破一切,认为一切已经绝望,所有的人(包括上帝在内)已经抛弃了我,但还好,我看到了这本书,使我产生了新的看法,为我带来了勇气及希望,并支持我度过昨天晚上。我已下定决心,只要我能见到这本书的作者,他一定能协助我再度站起来。现在我来了,我想知道你能替我这样的人做些什么。"

在流浪者说话的时候，罗伯特从头到脚打量他，发现他茫然的眼神、沮丧的皱纹、十来天未刮的胡须以及紧张的神情，完全地向罗伯特显示，他已经无药可救了。但罗伯特不忍心对他这样说。因此，请他坐下来，要他把他的故事完完整整地说出来。

听完流浪汉的故事，罗伯特想了想说："虽然我没有办法帮助你，但如果你愿意的话，我可以介绍你去见本大楼的一个人，他可以帮助你赚回你所损失的钱，并且协助你东山再起。"罗伯特刚说完，流浪汉立刻跳起来，抓住罗伯特的手，说道："看在老天爷的份上，请带我去见这个人。"

流浪者会为了"老天爷的份上"而做此要求，显示他心中仍然存在着一丝希望。所以，罗伯特拉着他的手，引导他来到从事个性分析的心理试验室，和他一起站在一块看起来像是挂在门口的窗帘布之前。罗伯特把窗帘拉开，露出一面高大的镜子，他可以从镜子里看到自己的全身。罗伯特指着镜子说："就是这个人。世界上就只有这个人能够使你东山再起，除非你坐下来，彻底认识这个人——当做你从前并未认识他——否则，你只能跳密西根湖，因为在你对这个人作充分的认识之前，对于你自己或这个世界来说，你都将是个没有任何价值的废物。"

流浪汉朝着镜子走了几步，用手摸摸他长满胡须的脸孔，对着镜子里的人从头到脚打量了几分钟，然后后退了几步，低下头，开始哭泣起来。一会儿后，罗伯特领他走出电梯，送他离去。

　　几天后，罗伯特在街上碰到了这个人，而不再是一个流浪汉形象，他西装革履，步伐轻快有力，头抬得高高的，原来那种衰老、不安、紧张的姿态已经消失不见。他说，他感谢罗伯特先生，让他找回了自己，便很快找到了工作。

　　后来，那个人真的东山再起，成为芝加哥的富翁。

女皇之路

　　贞观十一年（637），14岁的武则天应召进宫去给唐太宗李世民当妃嫔。对于绝大多数女子来说，进宫并不意味着幸福，反而是一种灾难。因为皇帝身边的女人成百上千，许多人进宫后一辈子都未被皇帝临幸过一回，就象一朵鲜花被摘下来扔进深宫中，最后在寂寞中慢慢枯萎。所以，武则天进宫时，她的母亲痛哭流涕。可是，武则天的态度却与其母大不相同，她坦然自若对母亲说："见天子怎知就不是福事，为何象小孩子一样悲伤？"一言道出了这位小姑娘积极的心态。对事物好坏的判断通常源于人的心态，消极的心态只看到差的一面，而积极的心态看到的永远是好的一面。

　　武则天进宫后，因为她的父亲曾帮助过唐高祖起兵，算是一个不大不小的功臣，家庭有一定地位，加之武则天人长得漂亮，所以被封为"才人"，并赐号"武媚"。才人不仅是皇帝的妃嫔，同时还是五品宫官，除了侍奉皇帝起居，还要能够胜任一些管理工作。武则天的政治见识大概就是在这段时间培养出来的。虽然史书中说武则天自幼聪慧敏俐，极善表达，胆识超人，十二三岁时就已博览群书，通晓世理，但天资聪明只是成功的基础，要想在宫中出人头地，还必须不断补充能量。武则天在雄才大略的唐太宗身边当了十一年的贴身秘书，唐太宗的那些政治谋略，想必是学到了不少。正是这种学习的心态，增长了将武则的政治才干。

不过，武则天的运气似乎不太好，还没来得及在唐太宗面前显露头角，唐太宗就一命呜呼了，这时她才26岁。按照宫中的规定，被皇帝使用过的女人，如果没有生育子女，皇帝死后就要被送去当尼姑。眼看自己将要陪伴一盏青灯几卷黄经了此一生，武则天自然于心不甘。她没有被动接受命运的安排，而是未雨绸缪，另辟蹊径，主动出击。她找到的突破口就是太子李治，即后来的唐高宗。在唐太宗病重期间，她凭借自己在男女风情方面的丰富经验，俘虏了比她小4岁的太子，换来了太子"待我登位，一定迎你入宫"的誓言。尽管这种手段不道德，但她决不屈服命运的精神，却是成功者必备的素质。逆境中，主动的心态至关重要。

唐太宗死后，武则天在长安感业寺呆了差不多两年。两年时间在历史长河中只是一瞬，但对于一个苦苦等待中的人，却漫长得度日如年。不知道武则天心里是否埋怨甚至诅咒过李治，但可以肯定的是她并没有心灰意冷，她没有象许多失败者那样去自杀，而是依旧把自己保养得姣美鲜嫩。人生道路上的许多失败者，之所以不能坚持到底，完全是由于心理承受力太差，最终输给了自己。只有成功者才懂得"留得青山在，不怕没柴烧"的道理。武则天这种坚持的心态，表现出她具有非凡的毅力。

终于，唐高宗李治出现了。名义上是来烧香，实际上是来兑现他的诺言。据说李治烧完香后，便把武则天召入一间密室，两人抱头痛哭。对武则天而言，李治确是一个守信用重感情的男人，她当初没看走眼。但是，对李治来说，以什么名义把武则天弄回宫去，却是一个棘手的问题。毕竟武则天曾是他父亲的小老婆。子承父妾虽然对于有胡人血统的李氏皇室没有太多的禁忌，但在以儒家文化为正统的中原地区却属乱伦。不过，李治一回到宫中，这个难题便迎刃而解。原来，当时宫中王皇后与萧淑妃争宠，王皇后为了动摇深受李治宠爱的萧淑妃的地位，便想借武则天入宫来分李治的心。于是，王皇后给李治出了个主意，说武则天是先皇生前赐给的，便名正言顺了。

武则天回宫后，自然是站在了王皇后一边。她经常将打听到的有关萧淑妃琐事的情报，提供给王皇后。王皇后则不断在李治面前拿这些情报攻击萧淑妃，同时拼命夸奖武则天。于是，萧淑妃在李治心目中地的地位慢慢下降了，对武则天的宠爱却与日俱增。不久，武则天被晋封为"昭仪"，名分仅次于后、妃，居九嫔之首。武则天地位的迁升，显然得益于她同王皇后合作的心态。

武则天翅膀硬了之后，便开始对付王皇后。俗话说"虎毒不食子"，但武则天却闷死了自己的女儿，并嫁祸于王皇后，可见其心狠手辣。不过，还有一句俗语叫作"舍不得孩子套不着狼"，在武则天眼里，这可能是一种付出的心态。

解决了王皇后、萧淑妃，武则天登上皇后宝座。但武则天并不满足，她还有更大的野心。她利用皇后的身份和皇上对她的宠爱，积极参与朝政。只用了几年时间，便扫除了她参政道路上的所有障碍，最后完全控制了朝政。唐高宗死后，两个儿子唐中宗李显、唐睿宗李旦先后登位，武则天以皇太后身份摄政。但他们没干多久都被武则天给废了。随后武则天自己做了皇帝，成为中国历史上唯一的一位女皇。

世界成功学之父卡耐基有一个很重要的理念是：你的生活是由你的心态造成的，你有什么样的心态就有什么样的生活，你有什么样的选择就有什么样的结果。积极的心态、学习的心态、主动的心态、坚持的心态、合作的心态、付出的心态，这些被认为是成功者必须具备的心态，武则天全都具备了，还有什么理由不能成功呢？

只要不认输，就有机会

米契尔曾经是一个不幸的人，他的事迹激励了许许多多的人。

一次意外事故，米契尔身上65%以上的皮肤都被烧坏了，为此他动了16次手术。手术后，他无法拿起叉子，无法接电话，也无法一个人上厕所，但以前曾是海军陆战队员的米契尔从不认为他被打败了。他说："我完全可以掌握我自己的人生之船，我可以选择把目前的状况看成倒退或是一个起点。"6个月之后，他又能开飞机了！

米契尔为自己在科罗拉多州买了一幢维多利亚式的房子，另外也买了房地产、一架飞机及一家酒吧，后来他和两个朋友合资开了一家公司，专门生产以木材为燃料的炉子，这家公司后来变成科罗拉多州第二大私人公司。

米契尔开办公司后的第4年,他开的飞机在起飞时又摔回跑道,把他胸部的12根脊椎骨全压得粉碎,腰部以下永远瘫痪!"我不解的是为何这些事老是发生在我身上,我到底是造了什么孽,要遭到这样的报应?"

但米契尔没有放弃,他仍不屈不挠,日夜努力使自己能达到最高限度的独立自主,他被选为科罗拉多州孤峰顶镇的镇长,以保护小镇的美景及环境,使之不因矿产的开采而遭受破坏。后来米契尔也竞选国会议员,他用一句"不只是另一张小白脸"的口号,将自己难看的脸转化成一项有利的资产。

尽管面貌骇人、行动不便,但米契尔却坠入爱河,且完成终身大事,也拿到了公共行政硕士,并持续他的飞行活动、环保运动及公共演说。米契尔说:"我瘫痪之前可以做10000件事,现在我只能做9000件,我可以把注意力放在我无法再做的1000件事上,或是把目光放在我还能做的9000件事上,告诉大家,我的人生曾遭受过两次重大的挫折,如果我能选择不把挫折拿来当成放弃努力的借口,那么,或许你们可以用一个新的角度来看待一些一直让你们裹足不前的经历。你可以退一步,想开一点,然后你就有机会说,或许那也没什么大不了的!"

一旦看准，大胆行动

1752年7月的一天，富兰克林在野外放风筝进行捕获雷电的试验。他的风筝很特别，用杉树做骨架，用丝手帕当纸，扎成菱形的样子。风筝的顶端装了一根尖尖的铁针，放风筝的麻绳的末端拴着一把铁钥匙。

当风筝飞上高空不久，突然大自然发怒了，大雨降临，闪电雷鸣。富兰克林对全身被淋湿毫不在意，对可能被雷击中也不畏惧，他全神贯注于他的手。当头顶上闪电的一瞬间，他感到自己的手麻酥酥的，意识到这是天空的电流通过湿麻绳和铁钥匙导来的。他高兴地大叫："电，捕捉到了，天电捕捉到了！"

瑞典化学家诺贝尔为了完成科学发明，冒着生命危险研究烈性炸药，一生都在死神的威胁下。1867年秋，在一次试验中，贡献了一位表兄弟的生命，父亲负伤变成了残废，他的哥哥也身受重伤。

在这些代价面前，一旦成功的机会光临，他自然会死死抓住不放的。事情就是这么巧，有一天，诺贝尔意外地发现搬运工人从货车上卸下甘油罐，从有裂缝的甘油罐中流出来的液体，居然和罐子与罐子之间塞进的硅藻土混合而成固体，没有发生爆炸。固体物当然在搬运、贮存上都很安全，这个线索给诺贝尔一个有益的启示。他抓住它进行实验，证明硅藻土是一种很好的吸附剂，它能吸附3倍于自身重量的硝化甘油仍保持干燥，并可以把吸附硝化甘油的硅藻土模压成型，即使被引爆，它的爆炸力也不会超过纯净的硝化甘油。这样，就发现了一种既有强大威力又安全可靠的烈性炸药，从而使烈性炸药得到了广泛的应用。

跌倒了爬起来

有时候，保持必胜的信念也不能百分百的达到成功，这就需要适时的调整心态，改变你的行动规则，这将是下一次成功的开始，必胜的信念也包括失败后所表现的坦然。

比尔·盖茨告诫年轻人说："成功者的秘诀是随时检视自己的选择是否有偏差，这不是完全的放弃自己的信念，而是合理地调整目标，不断向新目标转移，失败了再爬起来，轻松地走向成功。"

每个人在一生中都有一门重要的学问要学，那就是怎样去面对"挫败"，处理得好坏往往就决定人一生的命运是处于危机还是处于优势。要记住安东尼·罗宾的这句话："面对人生逆境或困境时所持的信念，远比任何事都来得重要。"

爱默生说："伟大高贵人物最明显的标志，就是他坚定的信念，不管环境变化到何种地步，他的初衷与希望，仍然不会有丝毫的改变，而终将克服障碍，以达到所企望的目的。"要测验一个人的品格，看他失败之后的行动是最好的方法。失败能否激发他的更多的计谋与新的智慧？激发他内心潜在的力量？是让他有更强的决断力，还是使他变得心灰意冷呢？"跌倒了再站起来，在失败中求胜利。"无数伟人都是这样成功的。

有人问一个孩子，你是如何学会溜冰的？那孩子说："哦，跌倒了爬起来，爬起来再跌倒，这样便会了。"使人成功，使军队胜利的，就是这种精神。跌倒不意味着失败，跌倒了站不起来，才是真正的失败。

过去的奋斗史，在很多人眼中是一部极痛苦、极失望的伤心史。因此，回想过去时，很多人会觉得自己处处失败、碌碌无为，自己衷心希望成功的事情竟然失败了，他们所至亲至爱的亲属朋友，离他而去，也许他们曾经失掉了职位，或是营业失败，或者由于多种原因而不能使自己的家庭得以维系。在他们眼中，自己的前途似乎暗无天日。然而即便有各种不幸，如果你不向命运屈服，胜利就会向你招手。

有人这样认为，已经失败多次了，再试也没有多大用处。这种人太自暴自弃了！一个人的意志永不屈服，在他看来，无论成功是多么遥远，失败的次数有多少，最后的胜利仍然会属于他。狄更斯小说里的守财奴斯克鲁奇，开始时爱财如命、一毛不拔、残酷无情，他甚至把全部的精力都钻在钱眼里。可晚年时，他竟然变成了一个慷慨的慈善家，变得宽宏大量、真诚爱人。狄更斯的这部小说有着真实的背景，生活中也的确有这样的事实。人的本性都可以由恶劣变为善良，人的事业又何尝不能由失败变为成功呢？现实中有很多这样的例子，很多人失败了再起来，面对失败从不沮丧，抱着不屈不挠的无畏精神，向前奋进，最终获得了成功。

世界上有无数人，尽管失去了拥有的全部资产，然而他们并不是失败者。他们依旧有着不可屈服的意志，有着坚忍不拔的精神，凭借这种精神，他们依旧能成功。

真正的伟人，面对种种成败，从不介意，所谓"不以物喜，不以己悲"。无论遇到多么大的失望，绝不失去镇静，只有他们才能获得最后的胜利。在狂风暴雨的袭击中，心灵脆弱者只有坐以待毙，但意志坚定的人却仍旧充满自信。因此他们能够克服外在的一切境遇，去获取成功。

正如一位哲人所说："失败，是走上更高地位的开始。"许多人之所以获得最后的胜利，只是受恩于他们的屡败屡战。一个没有遇见过大失败的人，根本不知道什么是大胜利。事实上，只有失败才能给勇敢者以果断和决心。

敢于冒险，勇于挑战

天下绝无不勇敢地追求成功，而能取得成功的人。只有充满挑战和冒险的精神才能在竞争中具有强大的杀伤力。

比尔·盖茨敢于冒险的个性使他赢得了市场、技术以及人才，直到今天，盖茨依旧凭借他富可敌国的资金和雄厚的资本在市场上叱咤风云。在众多的市场空间中，即使微软并没有技术优势，也还是给同业带来巨大的威胁。因为其资金和人才优势足以弥补这个缺憾。敢于挑战和冒险的性格让盖茨以强大的市场势力蚕食着软件及网络市场，将原有的技术先锋一步步逼出场外。

盖茨的商业天才是无与伦比的。其经营手法之凶悍与霸道，使别人几乎无处容身，尤其是在竞争激烈的时候，盖茨会不惜一切代价取得市场，那时，他并不在乎钱的问题。在占领

DOS 市场的时候，其他软件价格都在 50—100 美元，而盖茨会以接近免费的低廉价格，即 15 美元推出自己的产品。这高人一筹的市场远见与不凡的经营策略迫使许多在技术上更加完善的操作系统黯然淡出历史舞台。业界人士只能无奈地表达他们的痛苦："最好的市场就是没有比尔·盖茨的市场。可惜，在信息产业界，他的阴影无处不在。"

盖茨从创建微软一开始便本着实用原则制定了战略：先赢得客户，再提供技术。这意味着致力于一种并不完美、但在一段时期内能管用的简化产品。以利润为中心的基本理念告诉他们，在一年之后拿出一件完美的产品更是劳而无功。他敢于冒险的个性使得他愿意应对最困难的挑战。

在 DOS 系统之后，让盖茨成为世界首富的 Windows 系统的图形界面同样也不是盖茨和微软创新出来的，盖茨对这个苹果电脑公司研究人员推出的杰出创意毫不留情地亦步亦趋，甚至甘愿冒打官司的风险。凭借着自身强大的宣传攻势与独到的销售策略，盖茨模仿版的软件最终占领市场，独霸天下，而苹果只能在狭小的专业领域艰难挣扎。

后来，微软的步伐越迈越大，不断地推出新开发的办公软件，取代了市场上原有的同功能产品。微软的操作系统逐渐成为产业的唯一标准，其他软件厂商都以它为开发应用软件的标准和基础。此时，微软每年利用在 Windows 系统上的资源让人瞠目，包括 14 亿美元的研究开发资金、2 万名员工，以及众多的软件用户。

当"信息高速公路"掀起的又一次信息技术革命高潮在全球蔓延时,微软虽然最初不以为然错过了先机,使得网景、雅虎为代表的网络公司乘势而起,但是盖茨在意识到市场决策的失误时,马上投入大量的人力物力比拼产品。结果是,其推出的"探险家30"与"导航器"相比,在功能上毫不逊色,在价格上却实行免费策略。推出后第一周,下载统计就已突破100万次。免费赠送客户大量的软件、使用手册与免费的电话服务从此也成为了微软日后与其他软件厂商竞争的杀手锏。

盖茨就这样凭借直觉和胆量逐步确立了微软在软件行业的霸主地位,成功地占领了信息产业的制高点。其后,盖茨的胆量越变越大,坚持投资7年时间做 Windows NT;同时,盖茨还从来不忌惮在用人方面冒险。就跟微软可以毫不在意地从其他公司挖来总经理一样。这就是微软的冒险精神,也是他成功的一个关键因素。盖茨一旦发现本行业中比较出色、但因所在公司经营败落而失业的人才,就会在适当的时候聘他来微软工作。盖茨希望微软的员工不但要对软件有浓厚的兴趣,还要有丰富的想象力和敢于冒险的精神。微软宁愿冒失败危险选用曾经失败过的人,也不愿意录用一个处处谨慎毫无大胆冒险精神的人。

坚持是实现目标的关键

一个有关坚持的故事来自圣经中的《路迦福音》，是耶稣讲的一个寓言。"假设你半夜到你的朋友那里去，说：'朋友，请借给我三个饼，因为我有一个朋友行路，来到我这里，我没有什么给他摆上'。那人在里面回答说：'不要搅扰我。门已经关闭，孩子们也同我在床上了。我不能起来给你。'我告诉你们，虽然他不像个朋友似的起来给你，但只要你一个劲儿地敲下去，因为你的坚持，他就一定起来照你所需用的给你。"

在一座很高很高的山脚下，有三个准备爬山的人碰到了一块儿。这三个人几乎同时开始行动，可是由于三个人的心态不同，慢慢地就出现了三种不同的结果。

第一个人喜欢爬一步回头看一步，他很清楚自己在做什么，也相当看重自己的成绩，所以他随时都想知道自己究竟已经爬到了什么地方啦。这样，他爬了一段，觉得的确已经很高了，心里想道："大概离山顶也差不多了罢。"就仰起头来向上看看，可是山顶简直看都看不见呢，这个人忽然觉得很无聊，好像自己是在做些毫无意义的事情。他自言自语地说："我爬了这么长时间，还是在山脚，那我什么时候才能爬到山顶呀？既然如此，我又爬它干什么！不如及早回头吧。"于是，他果然就头也不回地下山了。

第二个人，凭着一股热情一下子就爬到了半山，这真是挺不容易的，不但别人羡慕他，就是他自己也有点惊讶自己会爬得这样快，所以他就坐了下来向下半山看看，又向上半山看了看，心里着实有些得意。他不觉自言自语地说到："嘿嘿，真没想到，我二下子就爬到半山腰了！真够厉害的了。不过，我已经爬得这样高了，也真够辛苦的；说到成绩，我自估一下，也不能算少。那么，这以后的一半山路，我就是要别人用小轿子来抬，也不算过分吧！这点资格，我还是应该有的。"他这样想着，也真的这样做了。于是，他老坐着休息，等人家用小轿子去抬他上山顶。可惜，似乎并没有人去抬他。假如他自己不上山去或下山来，也许他一直要在都坐在那儿等下去。

只有第三个人，似乎是一个平平常常的人，大概因为他是平常人吧，他觉得爬山可并不是那么容易，然而也并不太艰难，而以为别人能够爬，他也就能够爬，所以不必把自己看得一无用处，也不必忽然又把自己看得如何如何地了不起。这样，人们看见，他只是一步一步地爬上去，也就一步一步地接近那山顶；而最后，只有他最终爬上了山顶。

第三个人之所以能够最终爬到山顶，就是因为他愿意付出必要的努力，能够"步步为营"，一步步稳健地接近山顶。《向你挑战》的作者廉·丹佛指出：爬山虽然不那么容易，然而也并不太艰难，只要你一步一步地爬上去，就能爬上山顶。在事业上也是同样的道理。在前进的征途中，千万不要一遇到阻力就停下来，轻易地放弃。在所有那些最终决定成功与否的品质中，"坚持"无疑是你最终实现目标的关键。

人们总是责怪命运的盲目性，其实命运本身还不如人那么具有盲目性。了解实际生活的人都知道：天道酬勤，命运掌握在那些勤勤恳恳地工作的人手中，就正如优秀的航海家驾驭大风大浪一样。对人类历史的研究表明，在成就一番伟业的过程中，一些最普通的品格，如公共意识、注意力、专心致志、持之以恒等等，往往起很大的作用。即使是盖世天才也不能小视这些品质的巨大作用，一般的就更不用说了。事实上，正是那些真正伟大的人物相信常人的智慧与毅力的作用，而不相信什么天才。甚至有人把天才定义为公共意识升华的结果。一位学者指出，天才就是不断努力的能力。约翰·弗斯特认为天才就是点燃自己的智慧之火；波恩认为"天才就是耐心"。

瓦特可说是世界上最勤劳的人之一，他的生平证明，所有他的经验都确认了这么一个道理：那些天生具有伟大精力和伟大才能的人并非一定就能取得最伟大的成就，只有那些以最大的勤奋和最认真的训练有素的技能——包括来自劳动、实际运用和经验等方面的技能去充分发挥自己才能和力量的人才会取得伟大成就。与瓦特同时代的许多人所掌握的知识远远多于瓦特，但没有一个人像瓦特一样刻苦工作，把自己所知道的知识服务于对社会有用的实用操作方面。在各种事情中，最重要的是瓦特那种对事业坚忍不拔的探求精神。他认真培养那种积极留心观察、做生活的有心人的习惯，这种习惯是所有高水平工作的头脑所依赖的。

实际上，埃德奇沃斯先生就对这种观点情有独钟：人们头脑中的知识差异在很大程度上更多地是由早年时代所培养起来的留心观察的习惯所决定的，而不是由个人之间能力上任何巨大的差别来决定的。

甚至在孩提时代，瓦特就在自己的游戏玩具中发现了科学性质的东西。散落在他父亲的木匠房里的扇形体激发他去研究光学和天文学；他那体弱多病的状态导致他去探究生理学的奥秘；在偏僻的乡村度假期间，他兴致勃勃去研究植物学。在他从事数学仪器制造期间，他收到一个制作一架管风琴的订单，尽管他没有音乐细胞，但他立即着手去研究，终于成功地制造了这架管风琴。同样，在这种精神的驱使下，当执教于格拉斯哥大学的纽卡门把细小的蒸汽机模型交给瓦特修理时，他马上投入到学习当时所能知道的一切关于热量、蒸发和凝聚的知识中去——同时，他开始从事机械学和建筑学的研究——这些努力的结果最后都反映在凝结了他无数心血的压力蒸汽机上。

天赋过人的人如果没有毅力和恒心作基础，他只会成为转瞬即逝的火花；许多意志坚强、持之以恒而智力平平乃至稍稍迟钝的人都会超过那些只有天赋而没有毅力的人。正如意大利民谚所云："走得慢且坚持到底的人才是真正走得快的人。"

那些最能持之以恒、忘我工作的人往往是最成功的。

机遇要靠自己争取

传说上帝造物之初，本打算让猫与老虎一道做万兽之王的。上帝为考察它们，放出了几只老鼠，老虎全力以赴，很干脆地将老鼠捉住吃掉了。猫却认为这是大材小用，上帝小看了自己，心中不平，于是很不用心，捉住了老鼠再放开，玩弄了半天才把老鼠杀死。结果上帝认为猫太无能，不可做兽王，就让它身躯变小，专捉老鼠。而虎能全力以赴，做事认真，可以去统治山林，做百兽之王。

这则寓言告诉了我们：世事艰辛不如意者十有八九，不必因不平而泄气，也不必因挫折而烦恼，只要自己努力，机会总会有的。

德国大哲学家费希特年轻时曾经去拜访大名鼎鼎的康德，想向他讨教。不料康德对他很冷漠，拒绝了他。费希特失去了一次机会，但他未受到影响，他不灰心，也不怨天尤人，而是从自己身上找原因，心想，我没有成果，两手空空，人家当然怕打搅了！我为什么不拿出成果来呢？于是他埋头苦学，完成了一篇《天启的批判》的论文呈献给康德，并附上一封信。

信中说："我是为了拜见自己最崇拜的大哲学家而来的，但仔细一想，对本身是否有这种资格都未审慎考虑，感到万分抱歉。虽然我也可以索求其他名人函介，但我决心毛遂自荐，这篇论文就是我自己的介绍信。"

康德细读了费希特的论文，不禁拍案叫绝。他为其才华和独特的求学方式所震动，便决定"录取"他，于是亲笔写一封热情洋溢的回信，邀请费希特来一起探讨哲理。由此，费希特获得了成功的机会，后来成为德国著名的教育家和哲学家。

一谈到小泽征尔先生，大家都知道，他堪称是全日本足以向世界夸耀的国际大音乐家、名指挥家，然而，他之所以能够建立今天名指挥家的地位，乃是参加贝桑松音乐节的"国际指挥比赛"带来的。在这之前，他不只与世界无关，即使是日本，也是名不见经传。因为他的才华没有表现出来，不为人所知。

他决心参加贝桑松的音乐比赛，来个一鸣惊人，经过重重困难，他终于充满信心地来到欧洲。但一到当地后，就有莫大的难关在等待他。他到达欧洲之后，首先要办的是参加音乐比赛的手续，但不知为什么，证件竟然不够齐全，不为音乐实行委员会正式受理，这么一来，他就无法参加期待已久的音乐节了！

一般说到音乐家，多半性格是内向而不爱出风头的，所以，绝大多数的人在遇到这种状况时，必是就此放弃，但他却不同，他不但不打算放弃，还尽全力积极争取。首先，他来到日本大使馆，将整件事说明原委，然后要求帮助。可是，日本大使馆无法解决这个问题，正在束手无策时，他突然想起朋友过去告诉他的事。"对了！美国大使馆有音乐部，凡是喜欢音乐的人，都可以参加。"他立刻赶到美国大使馆。这里的负责人是位女性，名为卡莎夫人，过去她曾在纽约的某乐团担任小提琴手。他将事情本末向她说明，拼命拜托对方，想办法让他参加音乐比赛，但她面有难色地表示："虽然我也是音乐家出身，但美国大使馆不得越权干预音乐节的问题。"她的理由很明白。但他仍执拗地恳求她。原来表情僵硬的她，逐渐浮现笑容。思考了一会儿，卡莎夫人问了他一个问题："你是个优秀的音乐家吗？或者是个不怎么优秀的音乐家？"他刻不容缓地回答："当然，我自认是个优秀的音乐家，我是说将来可能……"他这几句充满自信的话，让卡莎夫人的手立时伸向电话。她联络贝桑松国际音乐节的实行委员会，拜托他们让他参加音乐比赛，结果，实行委员会回答，两周后做最后决定，请他们等待答复。此时，他心中便有一丝希望，心想，若是还不行，就只好放弃了。两星期后，他收到美国大使馆的答复，告知他已获准参加音乐比赛。这表示，他可以正式地参加贝桑松国际音乐指挥比赛了！参加比赛的人，总共约60位，他很顺利地通过了第一次预选，终于来到正式决赛，此时他严肃地想："好吧！既然我差一点就被逐出比赛，现在就算不入选也无所谓了！不过，为了不让自己后悔，我一定要努力。"后来他终于获得了冠军。

就这样，他建立了世界大指挥家不可动摇的地位，我们可从他的努力中看出，直到最后，他都没有放弃，很有耐心地奔走日本大使馆、美国大使馆，为了参加音乐节，尽了最大的努力，如此才能为他招来好运——获得贝桑松国际指挥比赛优胜、成为享誉国际的名指挥家、建立现在的地位。

费希特得以成为大教育家，小泽征尔得以成为大指挥家，这难得的机会是哪里来的呢？一言以蔽之，是他们从来不因别人误解而不平，不因人生艰难而不平，励精图治，尽情显现自己的才华，自己努力争取机会，如此心态，如此勇气，如此人生，总会有机会光临，总会有伯乐赏识，只不过庄时间上有早晚，形式上不同罢了。

看清自己的短处

有两个要好的伙伴同时受雇于一家超级市场，开始时大家都一样，从最底层干起。可不久其中的一个受到总经理的青睐，一再被提升，从领班一直到部门经理。而另外一个却像是被遗忘了一般，还在最底层混。终于有一天这个被遗忘的人忍无可忍，向总经理提出辞呈，并痛斥总经理狗眼看人，辛勤工作的人不提拔，倒提拔那些吹牛拍马的人。

总经理耐心地听着，他了解这个小伙子，工作肯吃苦，但似乎缺了点儿什么，究竟缺什么呢？三言两语还说不清楚，说清楚了他也不服，看来……他忽然有了个主意。

"小伙子"，总经理说："你马上到集市上去，看看今天有什么卖的。"这个人很快从集市上回来说，刚才集市上只有一个农民拉了车土豆在卖。"一车大约有多少袋，多少斤？"总经理问。他又跑去,回来后说有 40 袋。"价格是多少?"他再次跑到集上。总经理望着跑得气喘吁吁的他说:"请休息一会儿吧,我们来看看你的朋友是怎么做的。"说完叫来他的朋友,并对他说"你马上到集市上去,看看今天有什么卖的。"

他的朋友很快从集市上回来了,汇报说到现在为止只有一个农民在卖土豆,有 40 袋,价格适中,质量很好,他带回来几个让总经理看。这个农民一会儿还将弄几箱西红柿上市,据他说价格还公道,可以进一些货。他想这种价格的西红柿总经理大约会要,所以他不仅带回来几个西红柿作样品,而且把那个农民也带来了,他现在正在外面等回话呢。

总经理看了一眼旁边红了脸的小伙子,说:"这就是你朋友得到晋升的原因。"

有目标，就有了方向

美国总统克林顿虽算不上天才人物，但他能登上美国总统的宝座，与他中学时代的一次活动有一定关系。

克林顿的童年很不幸。他出生前4个月，父亲就死于一次车祸。他母亲因无力养家，只好把出生不久的他托付给自己的父母抚养。童年的克林顿受到外公和舅舅的深刻影响。他自己说，他从外公那里学会了忍耐和平等待人，从舅舅那里学到了说到做到的男子汉气概。他7岁随母亲和继父迁往温泉城，不幸的是，双亲之间常因意见不合而发生激烈冲突。继父嗜酒成性，酒后经常虐待克林顿的母亲，小克林顿也经常遭其斥骂。这给从小就寄养在亲戚家的小克林顿的心灵蒙上了一层阴影。

坎坷的童年生活，使克林顿形成了尽力表现自己，争取别人喜欢的性格。他在中学时代非常活跃，一直积极参与班级和学生会活动，并且有较强的组织和社会活动能力。他是学校合唱队的主要成员，而且被乐队指挥定为首席吹奏手。

1963年夏，他在"中学模拟政府"的竞选中被选为参议员，应邀参观了首都华盛顿，这使他有机会看到了"真正的政治"。参观白宫时，他受到了肯尼迪总统的接见，不但同总统握了手，而且还和总统合影留念。

此次华盛顿之行是克林顿人生的转折点，使他的理想由当牧师、音乐家、记者或教师转向了从政，梦想成为肯尼迪第二。有了目标和坚强的意志，克林顿此后30年的全部努力，都紧紧围绕这个目标。上大学时，他先读外交，后读法律——这些都是政治家必须具备的知识修养。离开学校后，他一步一个脚印：律师、议员、州长，最后是政治家的巅峰：总统。

替别人着想就是为自己着想

美国著名的舞蹈家邓肯有一段话说得十分深刻:"一个被人称为自私自利的人,并非只因为他寻找自己的利益,而在于他经常忽视别人的利益。"一个人人品的高下或者是否真正为别人着想,经常可以从一些不经意的小事看出。

"给予,永远比拿愉快。"这是高尔基一生奋斗的经验之谈。他的话说明了一个深刻的道理:奉献就是幸福。

马克思从小就立下宏志,不倦地学习、工作,终于创立了马克思主义,为无产阶级革命指明了方向。但他为了"奉献",付出了多大的代价!他一生贫苦,为了买稿纸竟得当掉外衣,七个孩子因没有钱治病竟死了四个。多么慷慨的奉献!但他感到的不是哀怨,而是无比的自豪:"如果我们选择了最能为人类幸福而劳动的职业,我们就不会为它的重负所压倒，因为这是为人类所做的牺牲。那时，我们感到的将不是一点点自私可怜的快乐，我们的幸福将属于千千万万的人。"

奉献，为什么感到幸福？我们知道，幸福不仅表现于物欲的满足，更主要的应是精神上的愉悦。无论马克思还是张海迪，他们的奉献都是为了绝大多数人的幸福。因为他们看见或听见自己的奉献将给他们所深爱的人们带来美好的物质和精神享受，因此他们的努力劳动有了成效，得到热情承认而得到满足，产生幸福感。

对幸福的感觉不同以及幸福观不同，这是由迥异的人生观所决定的。个人主义者总是认为索取就是幸福；只有为他人着想，像蜜蜂和黄牛一样辛勤劳作，才能体会到奉献的幸福。能否"替别人着想"，经常体现在日常生活的细微之处。马路上有一块石头，肯替别人着想，就会随手将它拿到一边，免得行人被绊，或汽车碰到时伤人。进出玻璃弹簧门，在推门之后，看看后面有无人跟进，如有，则挡一挡门，免得后来人被撞。坐电梯时，挡住门，等等后上的人……这些都是举手之劳的小事。但往往从这些小事，能看出你是否肯替别人着想。

明朝的吕坤把"肯替别人着想"视为"第一等学问"，是因为要真正做到这一点，不是懂得一些所谓为人处世的技巧窍门就能做到的。这是真品行，真性情，是任何技巧都代替不了的。有钱人会善心大发，捐一所大楼或一笔巨款；政客会蹲下身子，去亲吻一个贫穷的孩子。但他们是真正在"替别人着想",还是在"表演"?明眼人是会看得出来的。"肯替别人着想",它就是毛泽东倡导的"毫不利己,专门利人"的精神。"从血管出来的都是血"。一个有着高尚品质的人,总会在与人交往中,体现出他处处"肯替别人着想"的细心、耐心、关心、爱心和尊重。

一个富翁忧心忡忡的来到教堂祈祷之后,他去请教牧师。"我虽然有了金钱,但我感觉我并不幸福,我甚至不知道我应该用我的金钱做些什么?它能买来欢乐和幸福吗?"牧师让他站在窗前,看外面的街上,问他看到了什么,富翁说:"来来往往的人群,多么美妙啊!"牧师又把一面很大的镜子放在他面前,问他看到了什么,他说:"我看到了我自己,我很沉闷。"牧师道:"是啊,窗户和镜子都是玻璃制作的,不同的是镜子上镀了一层银粉,单纯的玻璃让你看到了别人,也看到了美丽的世界,没有什么阻拦你的视线,而镀上银粉的玻璃只能你看到你自己,是金钱阻拦了你心灵的眼睛,你守着你的财富,像守着一个封闭的世界。"

富翁得到了启示,就尽可能的去资助那些困难的人,把自己的仁爱带给他人,而得到帮助的人则用无尽的感激和祝福报答他。富翁从中不断地得到欢乐,心情也变得开朗了。